[日] 了戒加寿子　著
韩慧英　陈新平　译

化学工业出版社
·北京·

Colorful Knit Book

目录

Part 1 For Boys 男孩

8 小兔的帽子和袜子

9 小熊的帽子和袜子

10 护耳帽和连指手套

12 双面防寒服

14 穗饰背心

16 起伏针背心

18 绒球围巾

20 护腿

Part 2 For Girls 女孩

22 荷叶边背心

24 花朵拼接披肩

26 两用装饰领

28 小圆底包

29 彩色项链

30 起伏针围巾

32 樱桃荷包

33 花饰围腰带

34 小花和草莓的胸花

Part 3
For Interior
装饰

36 编织玩偶 3 种

38 小靠垫

40 彩色龙

42 编织球

43 小毯子

44 编织小彩旗

How to make 制作方法

所用线的介绍 ……46
编织方法 ……47
编织方法指导 ……94

各种可爱的幼儿编织作品，
充满整整一本书的爱意。
有精选的小物件，也有暖和的编织品，
全阵容展现于你的面前。

For Boys Part 1

男孩

活泼可爱的动物花样小物件，还有个性十足的彩色背心。

本章介绍 8 款作品，送给帅气小男孩。

Rabbit Beanie&Socks

小兔的帽子和袜子

毛茸茸的小兔套装充满暖意！寒冷之日推着婴儿车外出，这是必需之物。

制作方法 ---> 

Bear Beanie&Socks

小熊的帽子和袜子

带有圆滚滚的小耳朵的帽子，还有脚掌的
肉垫都被细致装饰的袜子组合。
如此生动的搭配，大家一定会喜欢！

制作方法 ---> 

Earmuffs Beanie& Mittens

护耳帽和连指手套

复古花样的搭配，多样色彩的精美设计。
正适合牛仔风格的宝贝。

制作方法 ---> 

Reversible Parka

双面防寒服

正反都能穿的防寒外套。
搭配各种打底裤，宝贝每天都有好心情。

制作方法 ---> p67

Fringe Vest

穗饰背心

各种颜色的线接合于打底背心的多彩设计。
线细密接合，防寒效果很好。

制作方法 ---> 

Garter Knitting Vest

起伏针背心

简洁的背心，适合搭配任何服饰。
纽扣也是同色，简直就像巴黎的时尚小男孩。

制作方法 ---> P71

Pompon Muffler

绒球围巾

白色和蓝色的水兵风格围巾。
加上闪亮的黄色绒球点缀，增添小宝贝的可爱。

制作方法 ---> P72

Leg Warmer

护腿

方便活动、保暖的护腿，是活泼宝宝的必需品。
上下用松紧针编织，轻柔合体。

制作方法 ---> p78

For Girls

Part 2

女孩

佩戴甜美色彩的小物件外出，一定会被人夸漂亮。

本章介绍 9 款作品，适合漂亮的小女孩。

Ruffle Vest

荷叶边背心

整体荷叶边搭配出草莓般配色效果的背心。
后开合可轻松调节尺寸，让宝贝可以穿很长时间。

制作方法 ---> p73

Cape with Flower Motif

花朵拼接披肩

简单套在连衣裙或针织衫外部，瞬间就能变身精灵般可爱的小女孩。
还有高领设计，让孩子更暖和。

制作方法 ---> p52

2way Collar

两用装饰领

侧边固定就是小款背心，领端打结就是装饰领。
搭配简单的针织衫，或者碎花图案的连衣裙，都能突显小女孩的甜美气质。

制作方法 ---> P76

Mini Tote Bag

小圆底包

提篮风格的小圆底包，是甜美小女孩的最好搭配。
手挽也是编织而成的，而且结实耐用。

制作方法 ---> P79

Colorful Necklace

彩色项链

彩色线珠连接的项链，就像甜甜的糖果。对于憧憬妈妈首饰盒里精美饰品的宝宝，一定是最好的礼物。

制作方法 ---> p62

Garter Knitting Muffler

起伏针围巾

紧密贴合于颈部的小围巾。
简单设计，鲜艳的红色和花朵样式最让人喜爱。

制作方法 ---> p80

Cherry Motif Pouch

樱桃荷包

塞满最喜欢的玩具或糖果，小女孩最想带着外出的小荷包。

制作方法 ---> P82

Belly Band of Flower

花饰围腰带

平针编织的围腰带，不同花朵样式点缀的两款。

制作方法 - - -> p60

Corsage of Flower & Strawberry

小花和草莓的胸花

除了服饰，还能装饰于手袋、头发。
仅仅一件胸花，就能使宝宝的穿着更显华丽。

制作方法 ---> P83

Part 3

For Interior

装饰

可爱的儿童房内，最适合搭配各种多彩的玩具和小物品。

各种生动的作品，就像是从童话书中走出来的。

Stuffed Animal

编织玩偶 3 种

彩色的玩偶，可以用于装饰儿童房。
也可作为礼物赠送。

制作方法 ---> P85

Mini Cushion

小靠垫

字母或水果等花样拼接而成的靠垫。
平针和长针为基底的 2 种花样。

制作方法 --->  p90

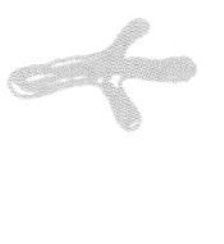

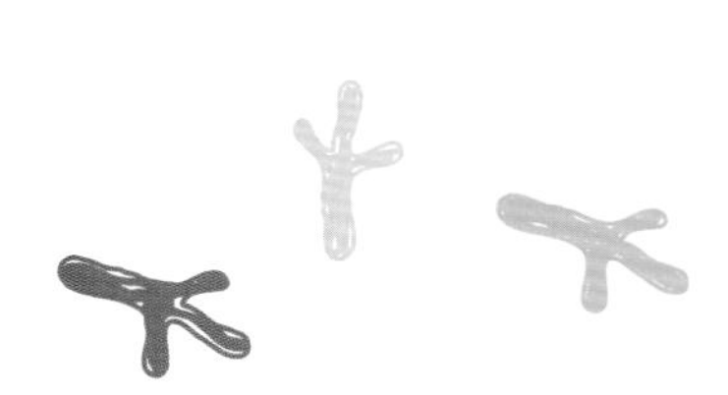

Colorful Dragon

彩色龙

一点儿也不可怕的龙，就像从绘本中飞出来的。不仅仅是简单的玩具，也是一个生动可爱的小玩伴。

制作方法 ---> p56

Knit Ball

编织球

编织的小球，是宝贝在室内的好玩具。
柔软的球体，不会弄伤宝贝。

制作方法 ---> P63

Mini Blanket

小毯子

花纹针编织的毯子，边缘用彩色绒球点缀。
是宝贝酣睡时的重要物品。

制作方法 ---> 

Knit Flags

编织小彩旗

星星和月亮 点缀的圆形小彩旗连接成
房间内的装饰。
还可以在家里举行热闹的聚会。

制作方法 ---> p58

How to make 制作方法

所用线的介绍

HAMANAKA
帕可露
[适用号数]
棒针 4 号
钩针 4/0 号

钻石毛线
Diamohairdeux
(Alpaca)
[适用号数]
棒针 6 ～ 7 号
钩针 5/0 ～ 6/0 号

苏罗梦罗 推迪
[适用号数]
棒针 5 ～ 6 号
钩针 5/0 号

Diaepoca
[适用号数]
棒针 7 ～ 8 号
钩针 5/0 ～ 6/0 号

HAMANAKA
Rich More 销售部
贝仙
[适用号数]
棒针 5 ～ 7 号

手编屋
Original Tapi Wool
[适用号数]
棒针 3 ～ 4 号
钩针 3/0 ～ 4/0 号

斯帕特 摩登
[适用号数]
棒针 8 ～ 10 号

Original Honey Wool
[适用号数]
棒针 5 ～ 6 号
钩针 6/0 ～ 7/0 号

斯帕特 摩登
(斐)
[适用号数]
棒针 6 ～ 8 号

Visjo
[适用号数]
棒针 5 ～ 6 号
钩针 6/0 ～ 7/0 号

温柔娜娜
[适用号数]
棒针 3 ～ 5 号

横田
Animal Touch
[适用号数]
棒针 14 号～ 7mm
钩针 7 ～ 8mm

编织方法

护耳帽和连指手套 P.10

材料

线／ Rich More 贝仙

[帽子] 深粉色（114）20g 薄荷绿（35）25g 艳绿色（34）10g 芥末黄（14）5g 淡红色（79）、蓝色（42）、绿色（96）各适量

[手套] 薄荷绿（35）10g 艳绿色（34）5g 芥末黄（14）5g 绿色（96）、深粉色（114）、淡粉色（79）、蓝色（42）各适量

针／4 号、3 号 4 支棒针 4/0 号钩针 手缝针

织片密度

[帽子] 10cm 见方编入图案 28 针、29 行

[手套] 10cm 见方编入图案 28 针、37 行

尺寸

[帽子] 头围 43cm

[手套] 长 12cm

编织方法 **[护耳帽]**

1 制作 120 针起针，编入图案编织成 30 行线环。

2 减针，编织 21 行。编织末端的线穿入最后一行的针圈，收束打结。

3 从起针处挑针，编织成 10 行线环。接线，减针编织护耳。

4 周边编织毛边绣，编织绳带，制作绒球缝接于帽顶及护耳。

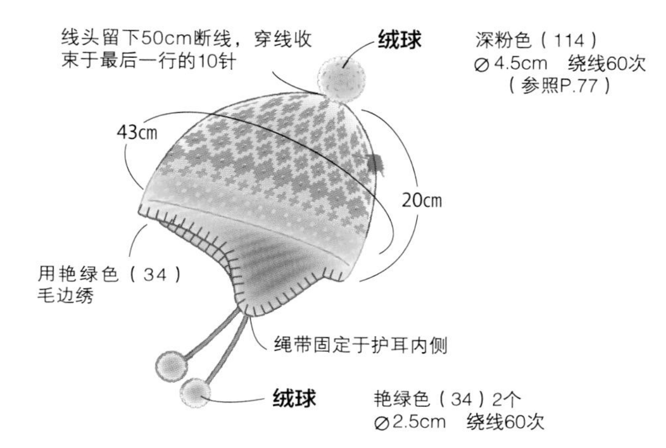

绳带 2根 4/0号针 艳绿色（34）

挑起里山

8cm=25针

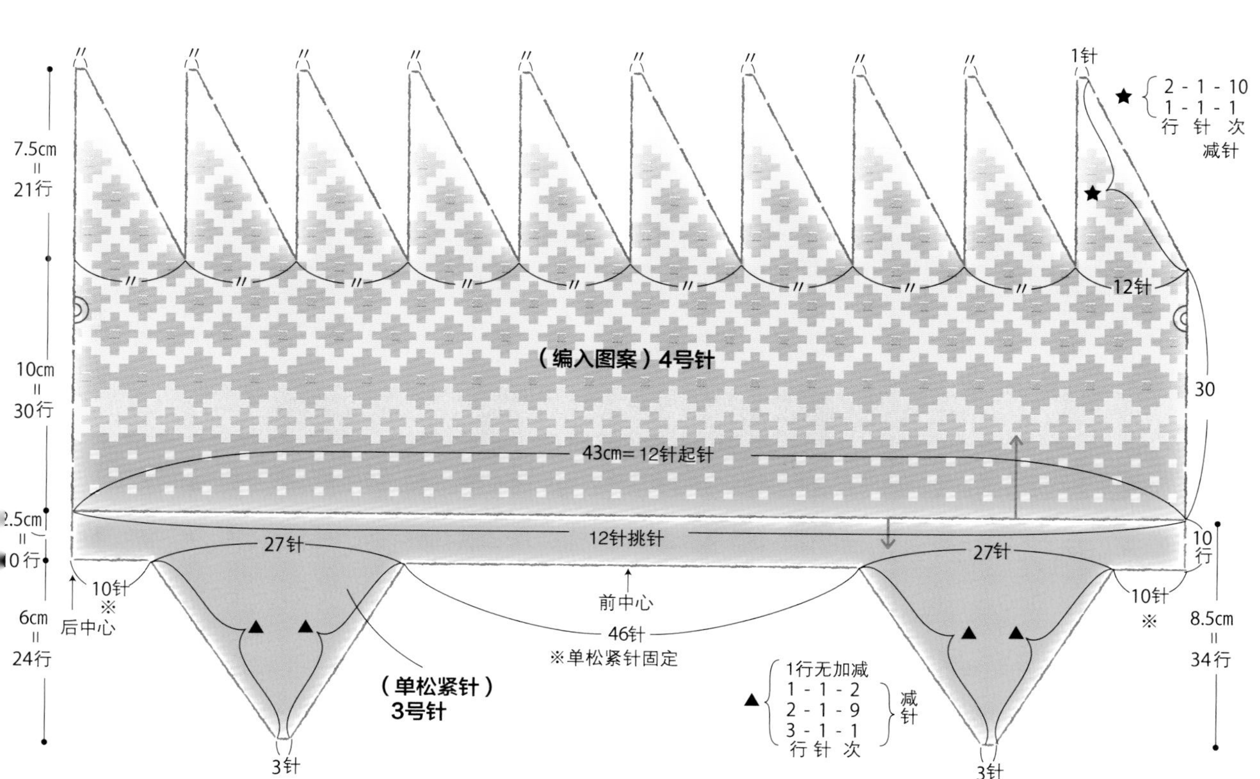

编织方法记号图

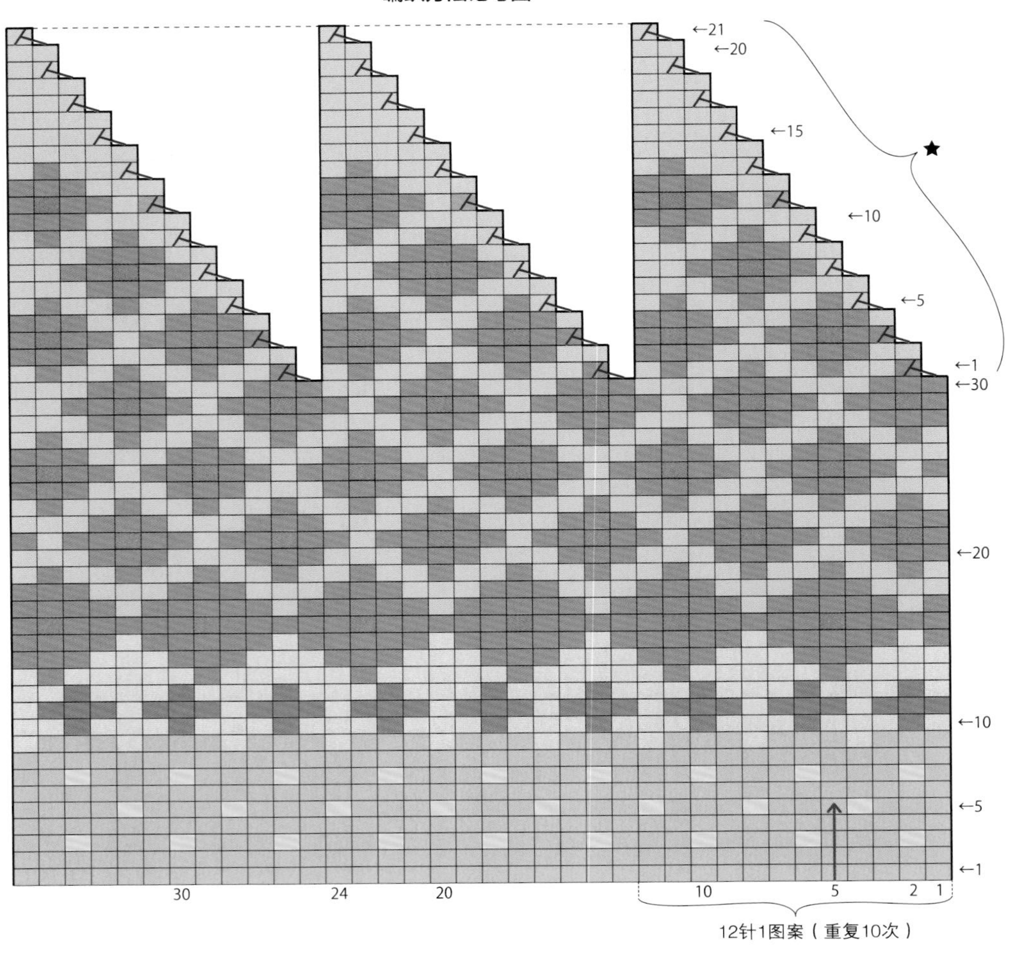

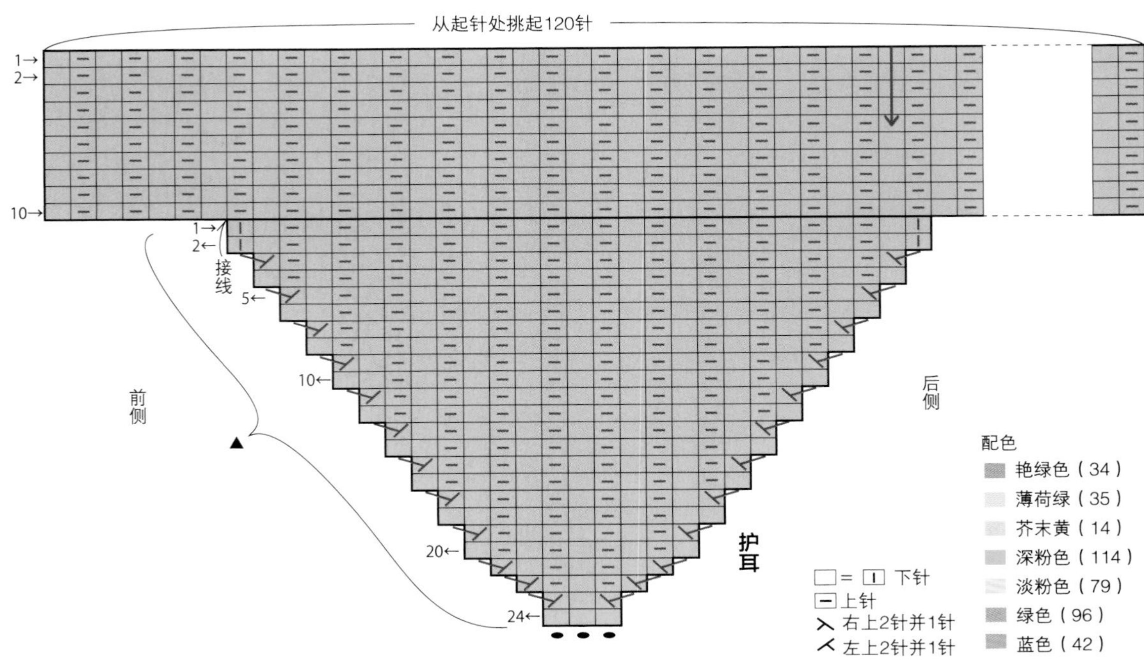

□ = 丨 下针
— 上针
⋏ 右上2针并1针
⋌ 左上2针并1针

配色
- 艳绿色（34）
- 薄荷绿（35）
- 芥末黄（14）
- 深粉色（114）
- 淡粉色（79）
- 绿色（96）
- 蓝色（42）

编织方法［连指手套］

1　编织 44 针起针，编入图案。大拇指位置先编织别线，回 7 针后用原线编织。指尖减针编织。

2　松开别线、挑起针圈，环状编织大拇指。

3　从起针处挑起 44 针，编织单松紧针，挑起订缝袖口部分，在休针处穿线收束。

4　编织另一只。编织绳带，连接两只手套。

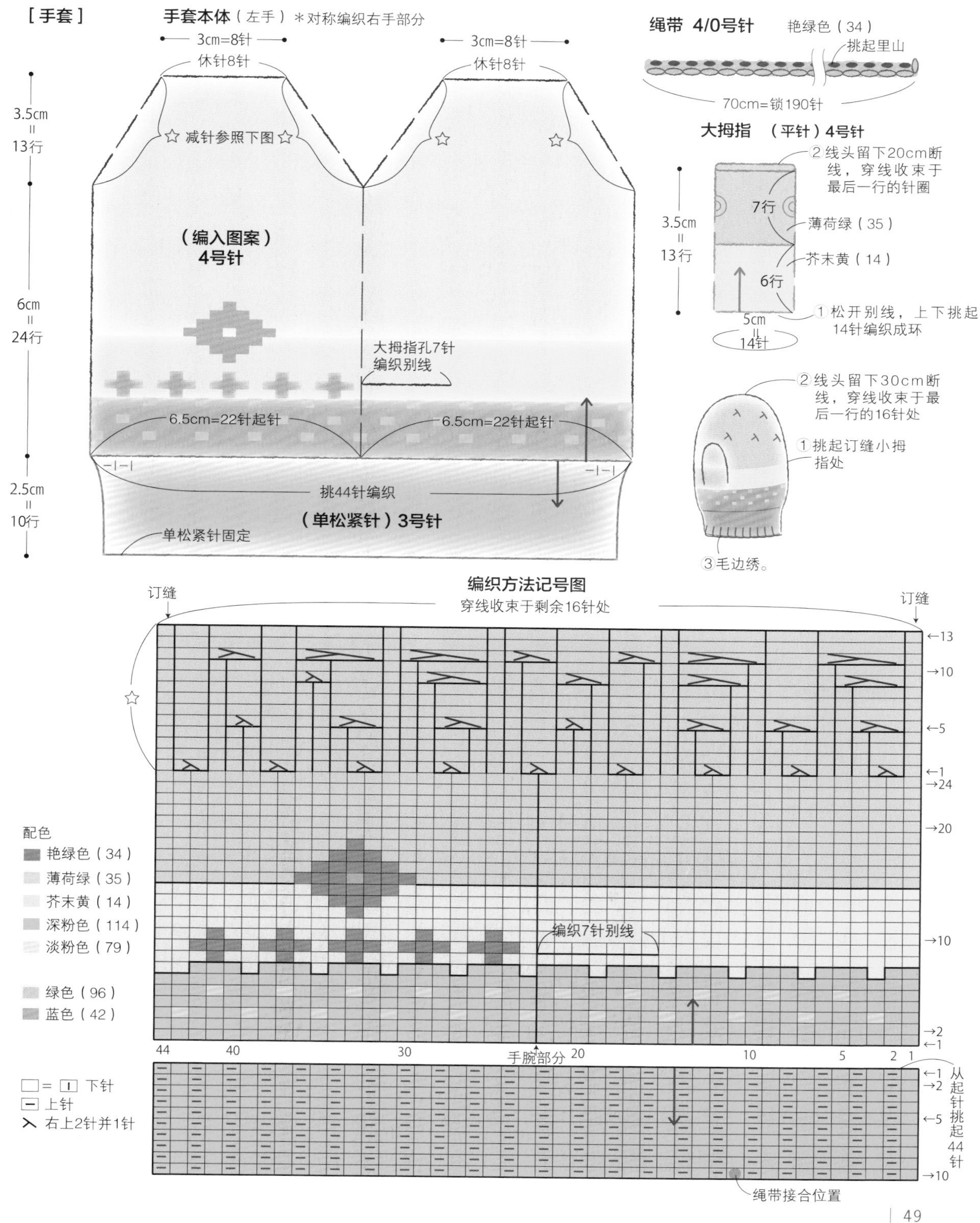

穗饰背心 | P.14

材料

线／［本体、绳带］Rich More 斯帕特摩登（斐）/ 紫色（317）30g

［穗饰］手编屋 Tapi Wool （424）、（240）、（211）、（428）、（444）、（237）、（212）、（322）、（343）、（318）、（106）、（104）、（545）、（341）、（426）、（109）、（320）、（530）、（429）各 20g

针／ 6/0 号钩针 手缝针

(424)
(240) (106)
(211) (104)
(428) (545)
(444) (341)
(237) (426)
(212) (109)
(322) (320)
(343) (530)
(318) (429)

织片密度

方孔针 10cm 见方 19 针、11 行

编织方法

1 方孔针编织背心的基底。

2 引拔接缝肩部的 15 针。

3 用指定颜色接合穗边（穗边接合后，针圈的间隔扩大，注意调整整体尺寸）

4 编织绳带，接合于前衣片。

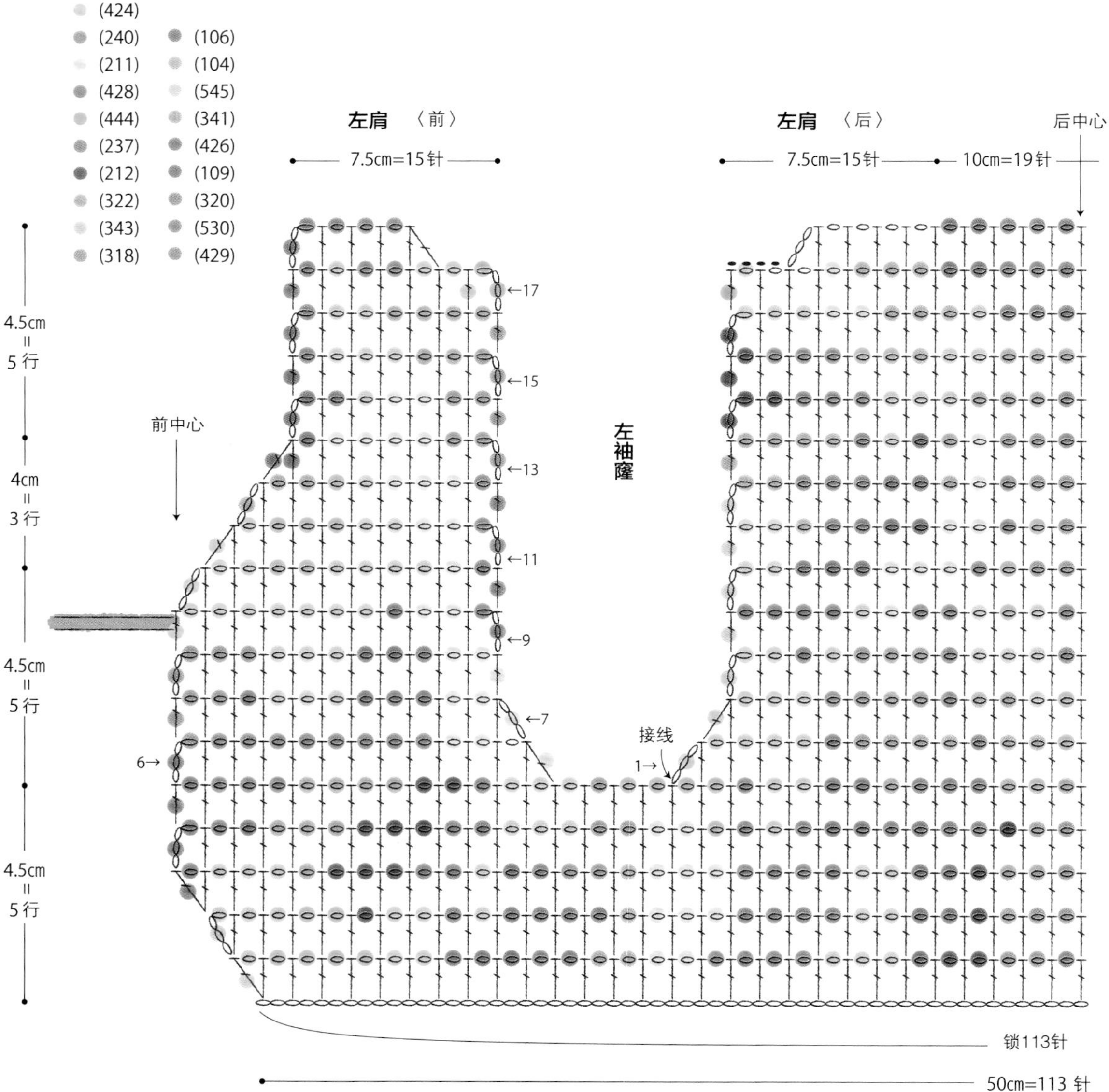

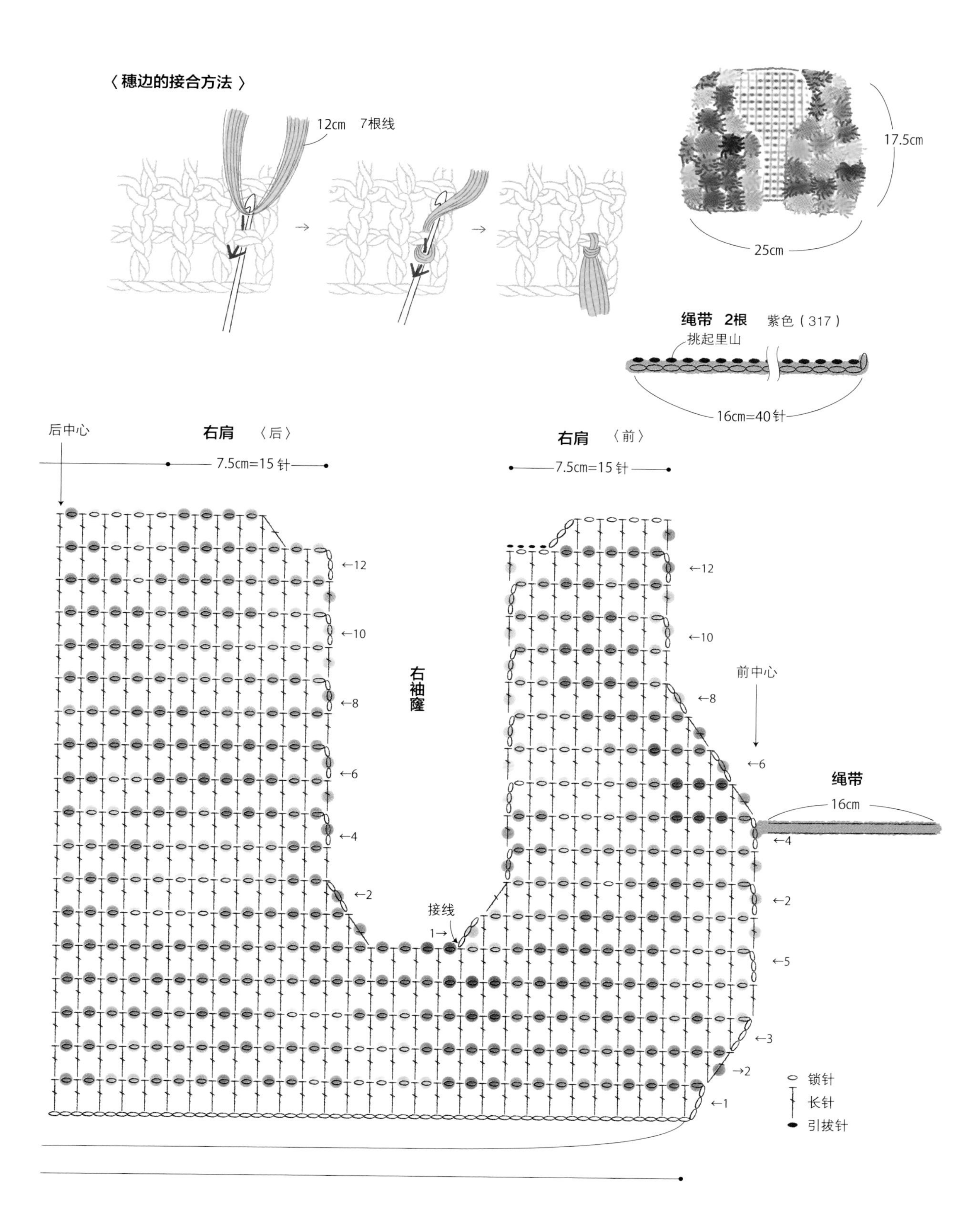
〈 穗边的接合方法 〉
12cm 7根线
17.5cm
25cm
绳带 2根 紫色（317）
挑起里山
16cm=40针
后中心
右肩 〈后〉
7.5cm=15针
右肩 〈前〉
7.5cm=15针
←12
←10
←8
←6
←4
←2
右袖窿
接线
1→
前中心
绳带
16cm
←5
←3
→2
←1
锁针
长针
引拔针

花朵拼接披肩 | P.24

材料

线 / **[本体]Rich More 斯帕特 摩登** 橙色（27）110g

[花样]Rich More Percent 淡粉色（79）、紫色（60）、松石绿（108）、薄荷绿（35）、红色（74）、芥末黄（6）、深粉色（114）、蓝色（42）、蓝灰色（110）、黄绿色（33）、蓝紫色（53）、艳绿色（34）、粉色（72）各适量

针 /8、10、13、15 号 4 支棒针 6/0 号钩针 手缝针

织片密度

花纹针（10 号针）10cm 见方 20 针、28 行

编织方法

1 编织 84 针起针，左右减针编织 47 行。

2 挑起订缝两侧。从休针处挑起针圈，更换针的号数，编织领子部分。

3 从起针处挑起针圈，环状编织下摆的双松紧针。

4 用指定颜色编织花及叶的花样，固定接合于本体。

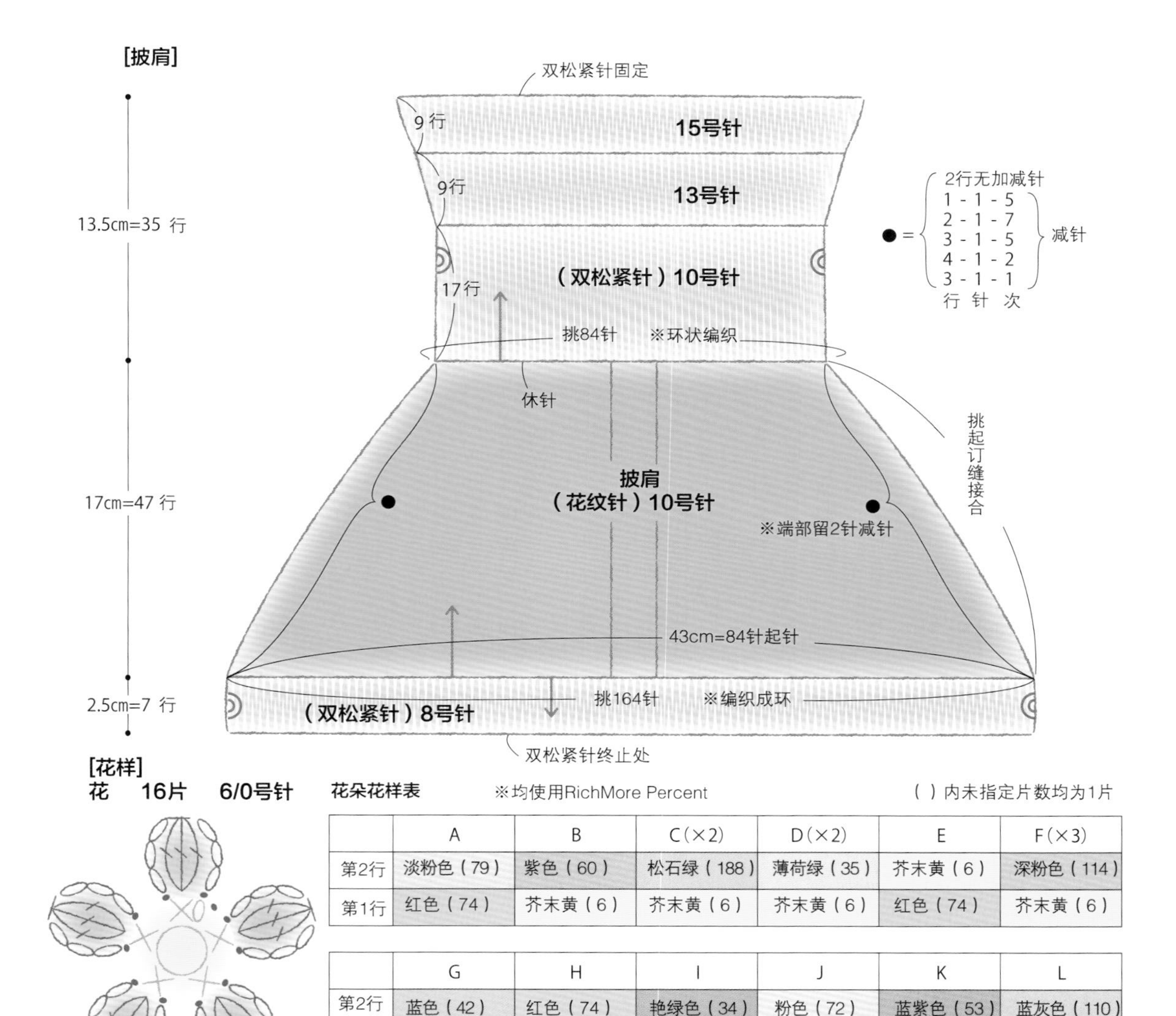

花朵花样表　※均使用RichMore Percent　（ ）内未指定片数均为1片

	A	B	C（×2）	D（×2）	E	F（×3）
第2行	淡粉色（79）	紫色（60）	松石绿（188）	薄荷绿（35）	芥末黄（6）	深粉色（114）
第1行	红色（74）	芥末黄（6）	芥末黄（6）	芥末黄（6）	红色（74）	芥末黄（6）

	G	H	I	J	K	L
第2行	蓝色（42）	红色（74）	艳绿色（34）	粉色（72）	蓝紫色（53）	蓝灰色（110）
第1行	红色（74）	芥末黄（6）	芥末黄（6）	芥末黄（6）	芥末黄（6）	芥末黄（6）

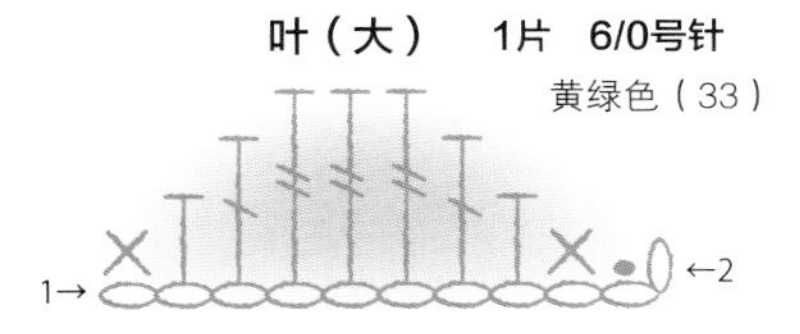

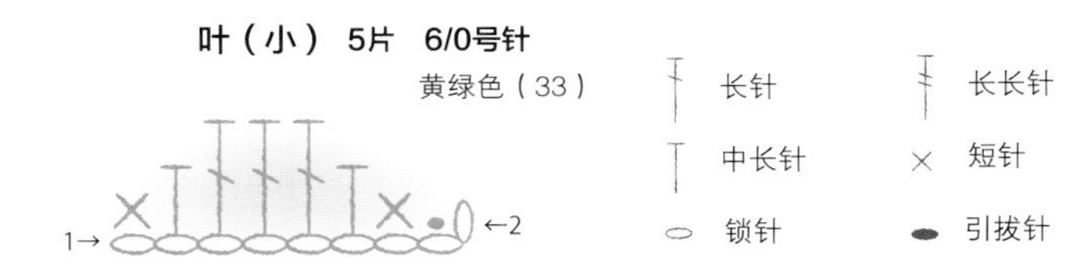

花朵花样的布置

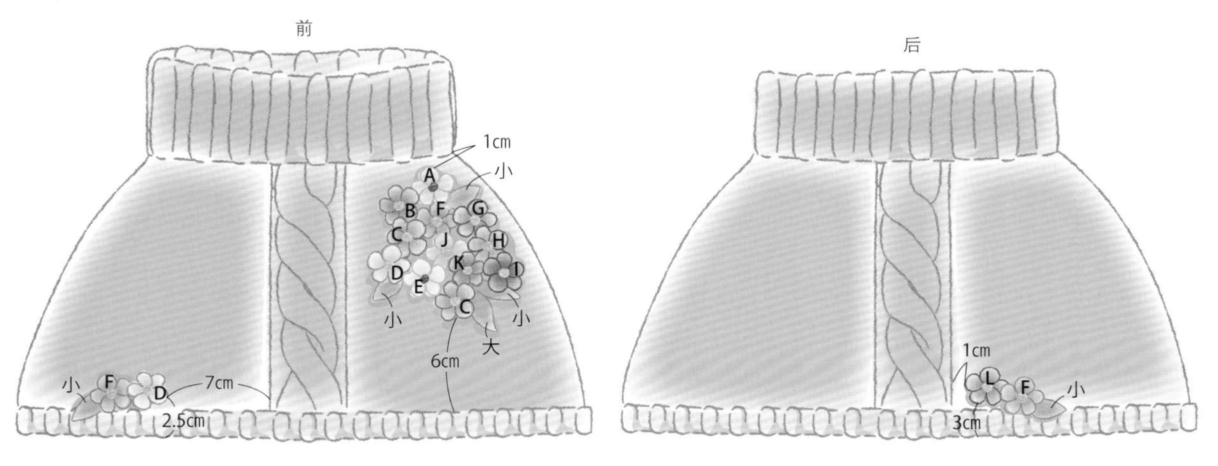

编织方法记号图

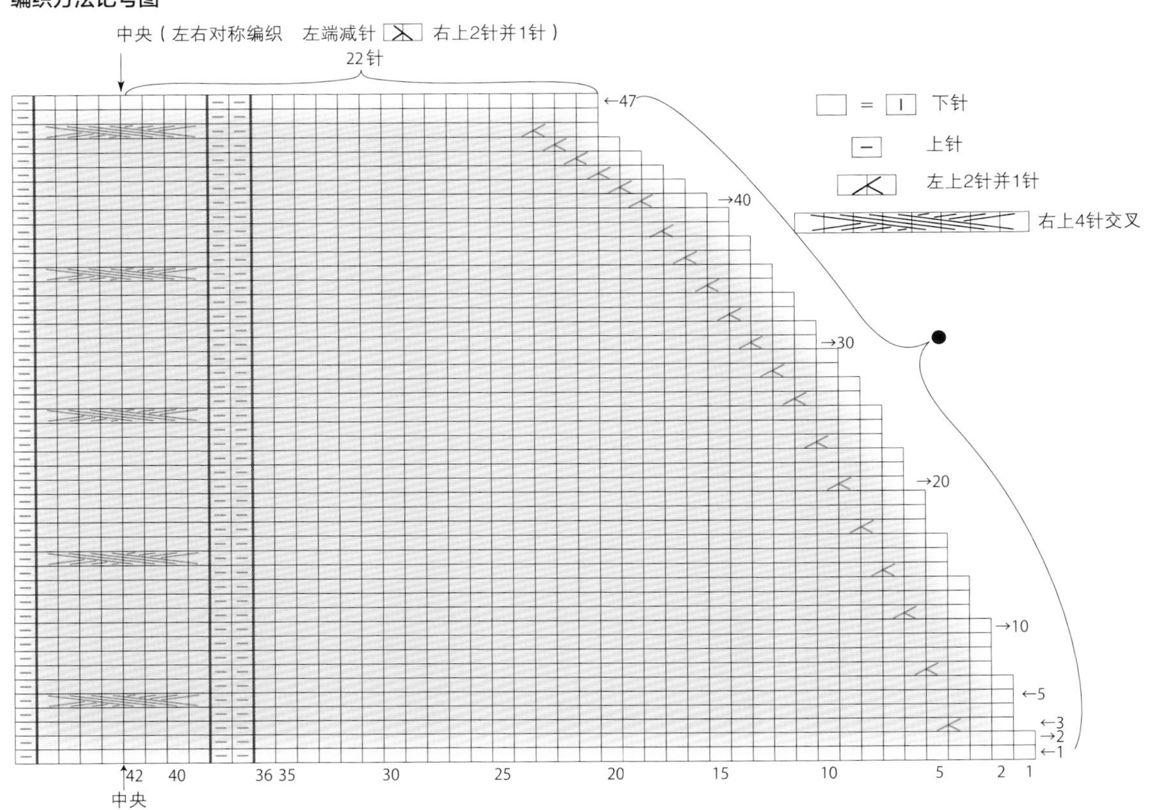

小毯子 | P.43

材料

线／ **Rich More 斯帕特 摩登（斐）**

蓝色（312）60g　黄色（309）120g　白色（301）50g

粉色（319）60g　红色（322）60g　黄绿色（310）60g

针／ 6/0 号钩针　手缝针

织片密度

7 行 1 图案 =11cm

编织方法

1　锁针编织 161 针起针，逐行换线编织本体。

2　编织边缘针。

3　用指定颜色的线制作绒球，并接合于毯子。

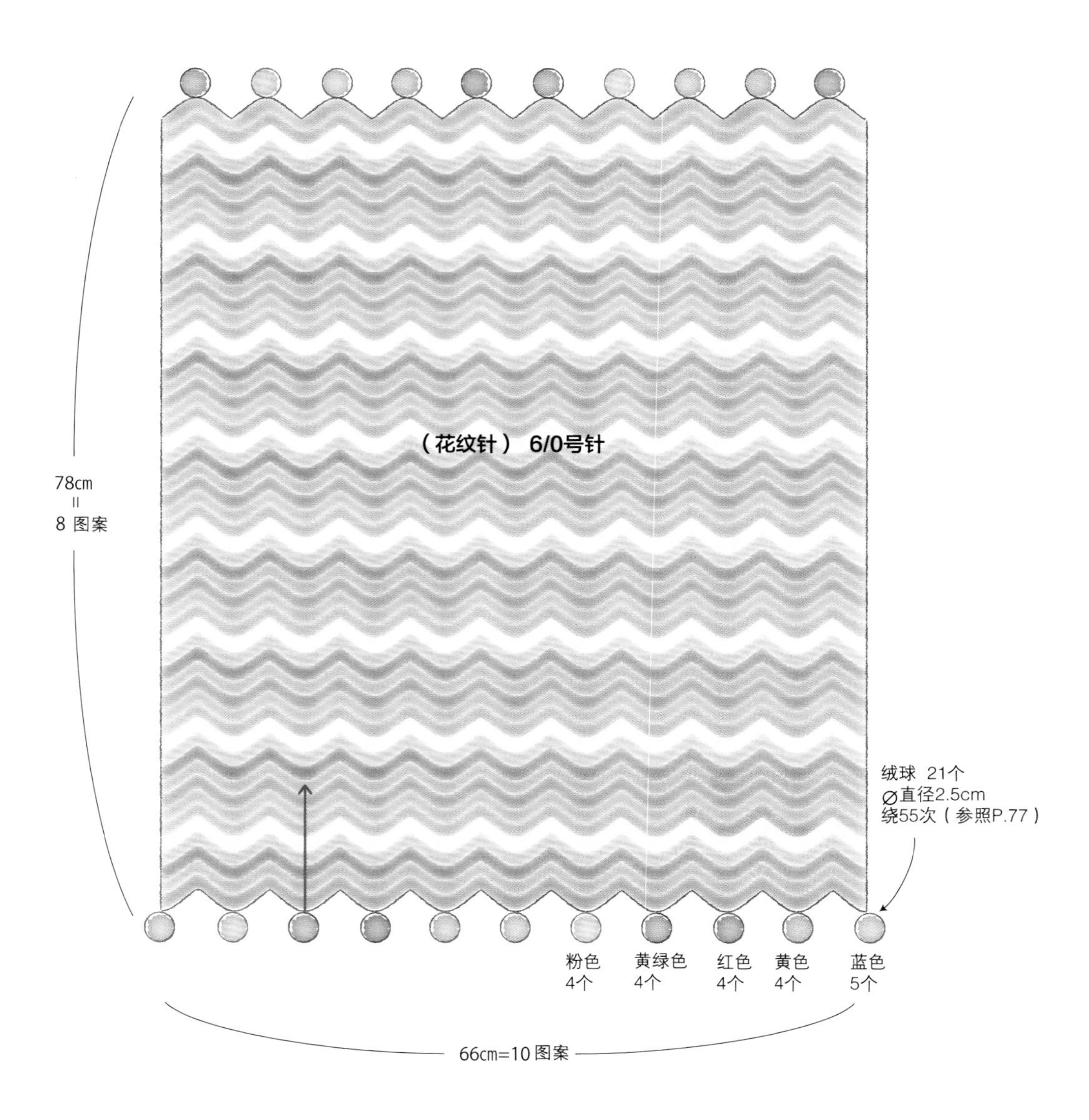

编织方法记号图

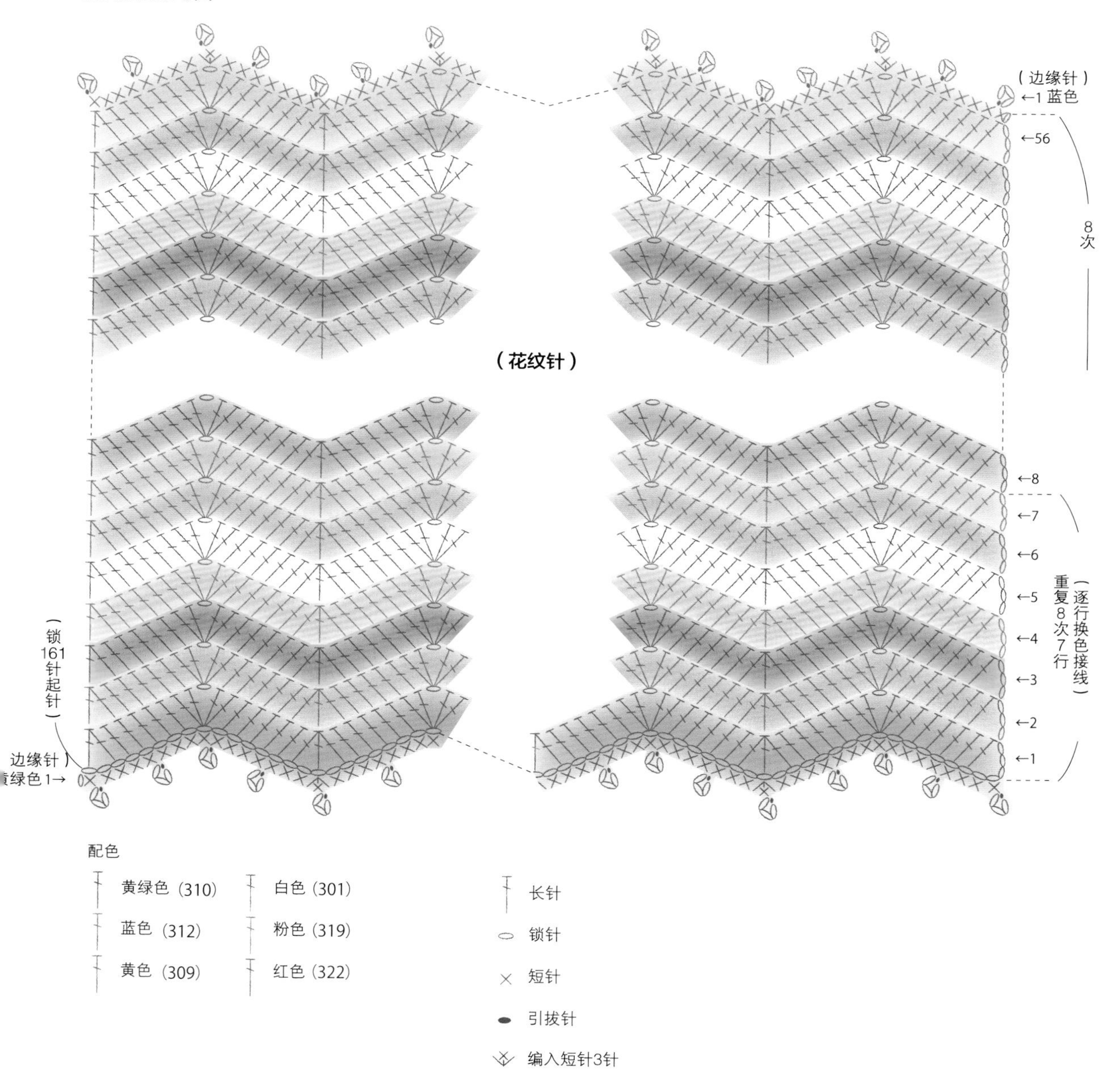

(边缘针)
←1 蓝色
←56
8次
(花纹针)
←8
←7
←6
←5
←4
←3
←2
←1
重复8次7行
(逐行换色接线)
(锁161针起针)
边缘针)
绿色1→
配色
黄绿色 (310)
白色 (301)
蓝色 (312)
粉色 (319)
黄色 (309)
红色 (322)
长针
锁针
短针
引拔针
编入短针3针

彩色龙 | P.40

材料

线 / **Diaepoca** 米色（353）70g 粉色（321）、艳绿色（338）、芥末黄（305）、玫瑰红（319）各 90g 浅绿色(345)、薄荷绿(345)、薄荷绿(340)、紫色(323)各 40g 淡粉色（311）、浅褐色（351）各 10g

其他 / 涤纶棉 200g

针 / 7 号 2 根棒针 5/0 号钩针 手缝针

编织密度

平针 10cm 见方 21 针、28 行

编织方法

1 编织 40 针起针，换颜色编织本体。

2 从起针挑起针圈，编织头及颚。

3 编织口内。

4 对齐头、颚部分及口内，挑起订缝周围。

5 留开口，订缝接合本体，塞入夹心棉，挑起订缝开口。

6 缝接脚和绒球于本体上。

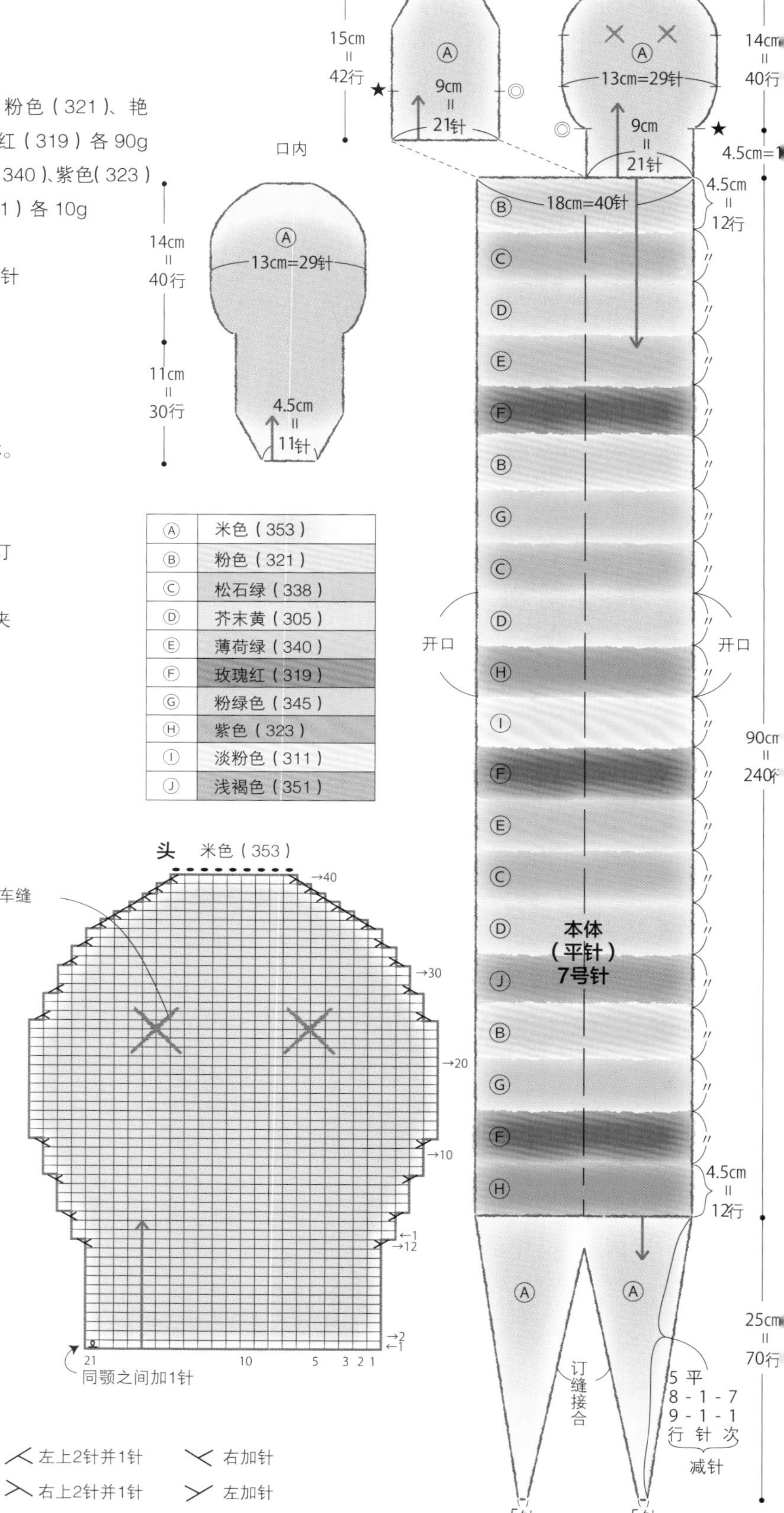

Ⓐ	米色（353）
Ⓑ	粉色（321）
Ⓒ	松石绿（338）
Ⓓ	芥末黄（305）
Ⓔ	薄荷绿（340）
Ⓕ	玫瑰红（319）
Ⓖ	粉绿色（345）
Ⓗ	紫色（323）
Ⓘ	淡粉色（311）
Ⓙ	浅褐色（351）

颚 米色（353）

→42
→40
←35
→30
→20
→10
→2
←1
21 20 10 2 1
同头部之间加1针

□ = Ⅰ 下针　ℓ 扭针　左上2针并1针　右加针

− 上针　• 伏针　右上2针并1针　左加针

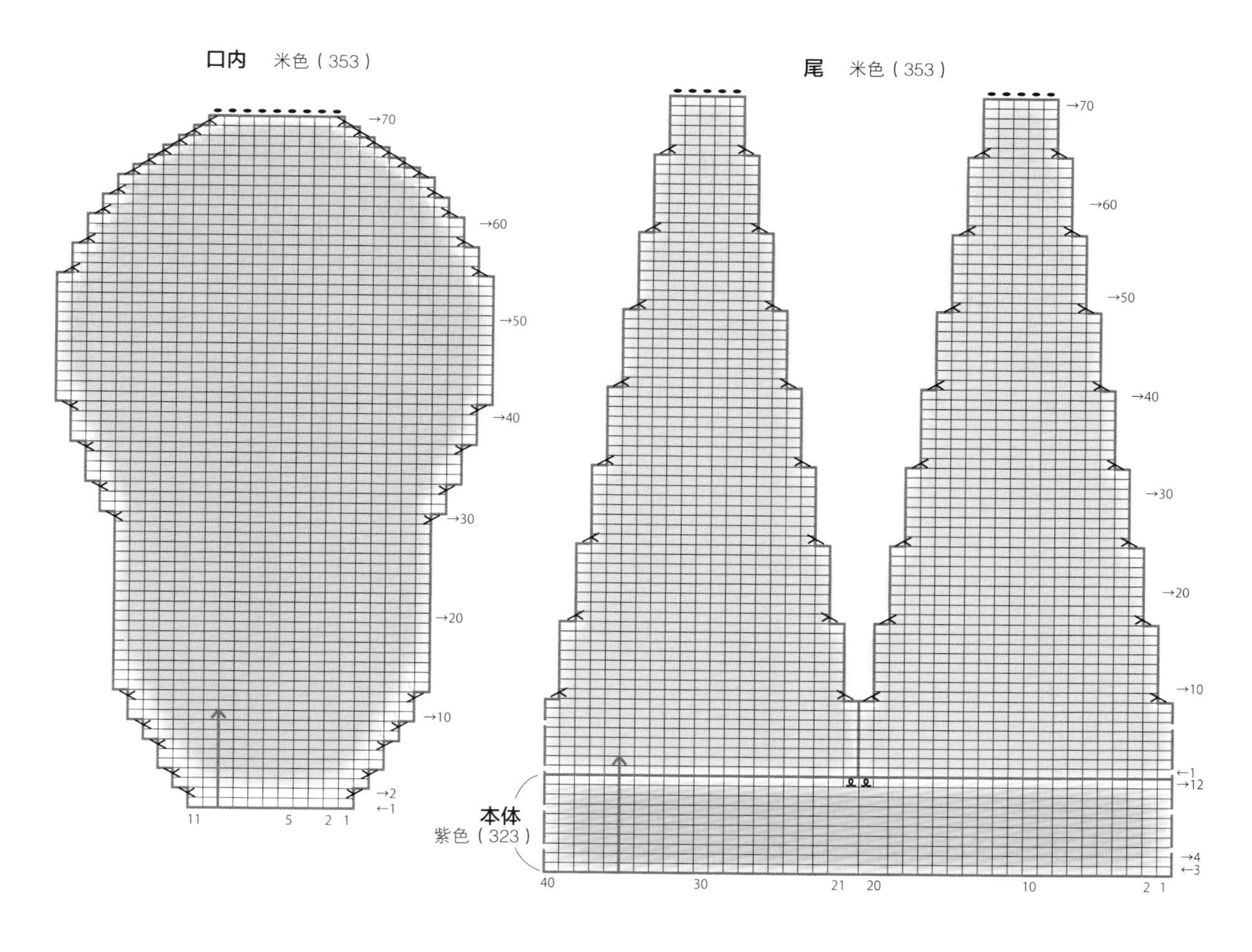
口内　米色（353）
→70
→60
→50
→40
→30
→20
→10
→2
←1
11
5
2 1
尾　米色（353）
→70
→60
→50
→40
→30
→20
→10
←1
→12
本体
紫色（323）
→4
←3
40
30
21 20
10
2 1

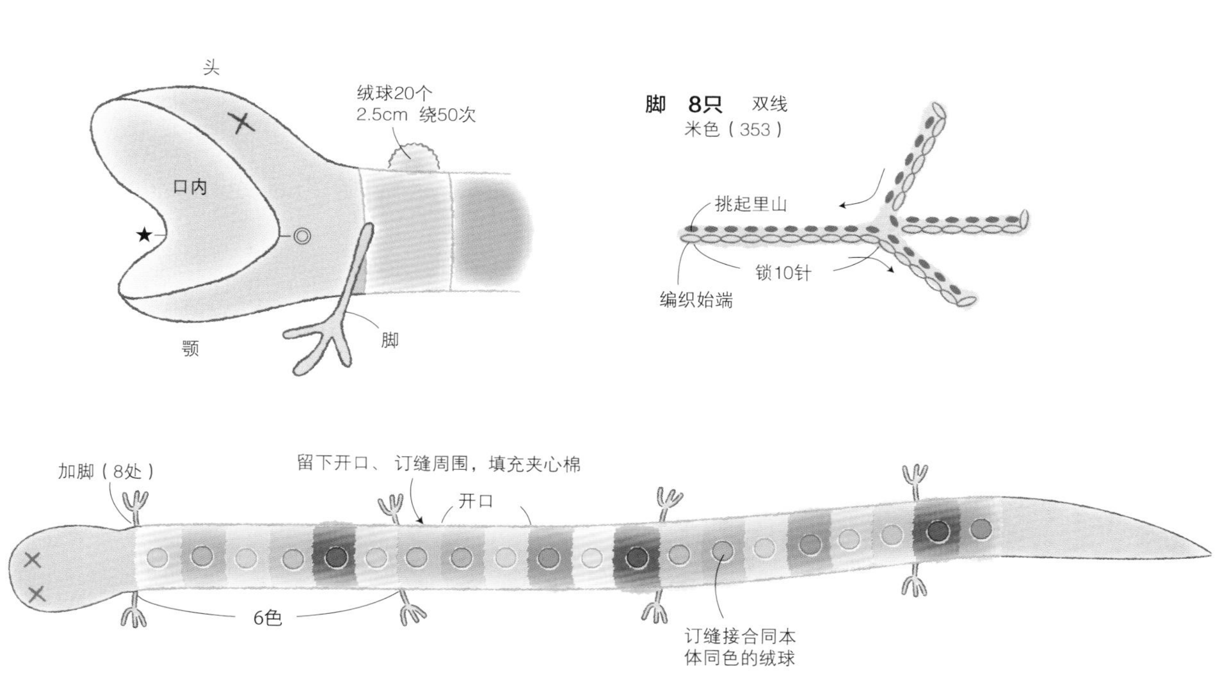
头
绒球20个
2.5cm 绕50次
口内
★
脚
颚
脚　8只　双线
米色（353）
挑起里山
锁10针
编织始端
加脚（8处）
留下开口、订缝周围，填充夹心棉
开口
6色
订缝接合同本
体同色的绒球

编织小彩旗 | P.44

材料

线 /**Diaepoca** 绿色（356）60g 艳绿色（339）10g 淡粉色（311）5g 红色（315）15g 薄荷绿（340）10g 芥末黄（305）40g 松石绿（338）25g 海蓝色（336）20g 紫色（327）5g 玫瑰红（319）25g 粉色（321）15g 浅绿色（345）10g

针 /5/0 号钩针 手缝针

织片密度

圆形标志 1 片 直径 9cm

编织方法

1 按指定颜色编织 18 片圆形彩旗。

2 按指定颜色编织月牙、满月及星星，订缝接合于圆形彩旗。

3 编织绳带，将圆形彩旗订缝接合于指定位置。

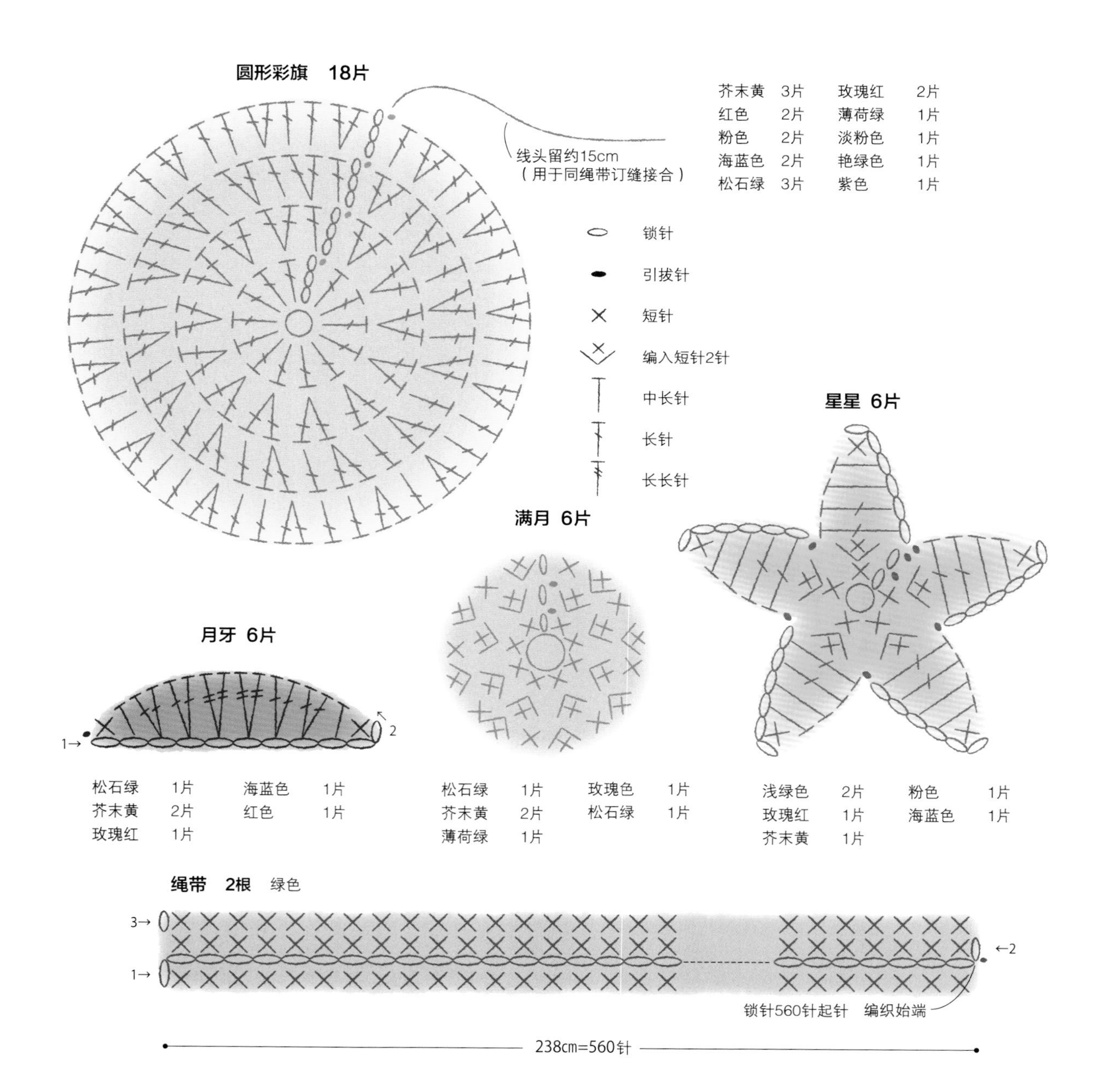

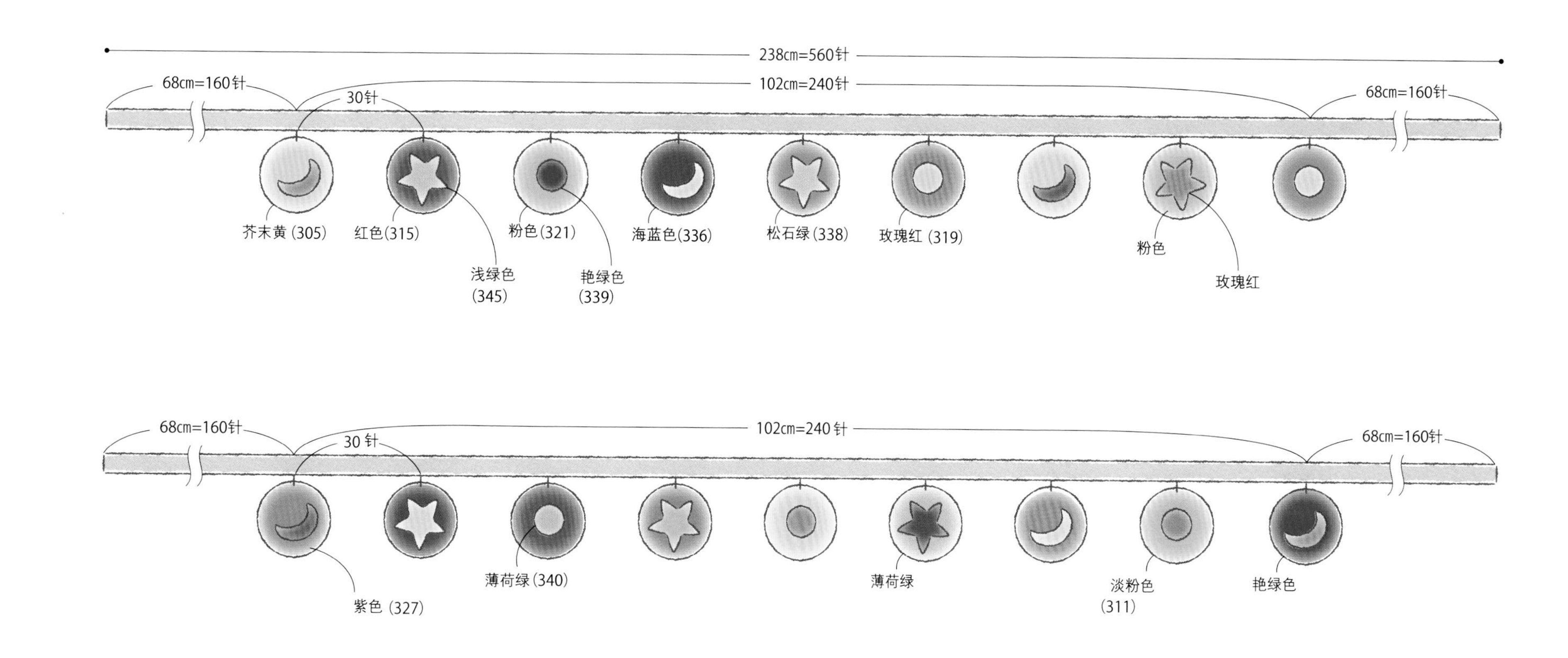
238cm=560针
68cm=160针
102cm=240针
68cm=160针
30针
芥末黄（305）
红色（315）
粉色（321）
海蓝色（336）
松石绿（338）
玫瑰红（319）
粉色
浅绿色（345）
艳绿色（339）
玫瑰红
68cm=160针
102cm=240针
68cm=160针
30针
薄荷绿（340）
薄荷绿
淡粉色（311）
艳绿色
紫色（327）

花饰围腰带 | P.33

材料

线 /

[奶黄色] 本体：Rich More 斯帕特 摩登（斐） 原色（302）30g

绣花：Rich More 贝仙 浅粉色（70）、白色（1）、蓝紫色（53）、浅蓝色（40）、艳绿色（34）、黄绿色（33）、绿色（107）各适量 **HAMANAKA 帕可露** 粉色（5）、深粉色（22）、红色（6）各适量

[绿色]

本体：Rich More 贝仙 薄荷绿（35）40g

绣花：Rich More 贝仙 深粉色（114）、黄绿色（33）、绿色（107）各适量 **HAMANAKA 帕可露** 粉色（5）、深粉色（22）、红色（6）各适量

针 / **[奶黄色]**8 号、7 号 4 根棒针 5/0 钩针 手缝针

[绿色]5 号、4 号 4 根棒针 4/0 号钩针 手缝针

织片密度

平针 [奶黄色]10cm 见方 21 针、29 行

[绿色] 10cm 见方 25 针、33 行

编织方法（ ）内为绿色

1 编织 84 针（108 针）起针，平针编织 36 行（46 行），制作绣花之后，挑起两端订缝成环状。

2 从休针挑起针圈，单松紧针编织上端成环状。从起针挑起针圈，单松紧编织下端成环状。

3 钩针编织边缘针。

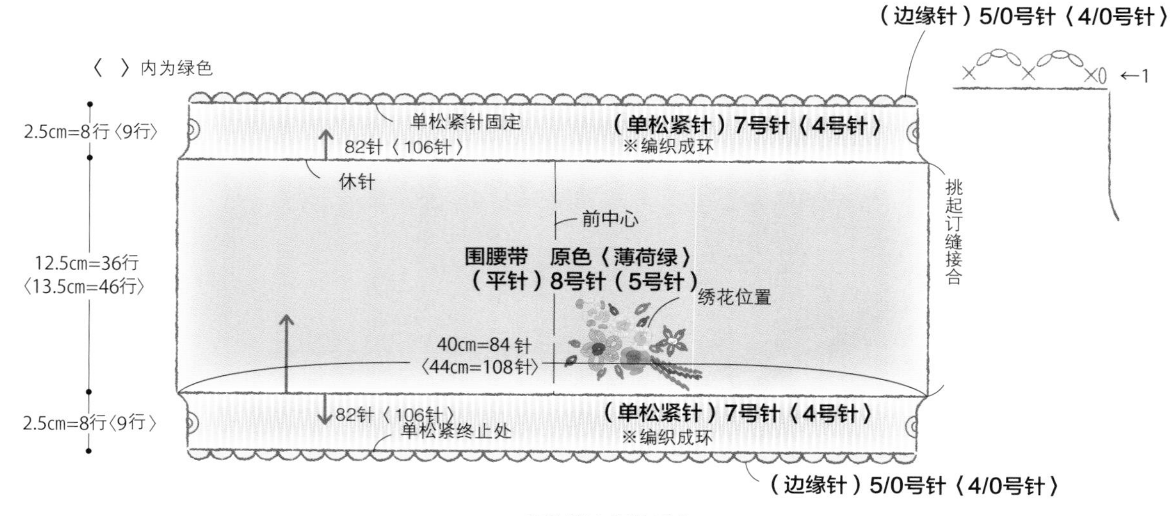

实物等大绣花图案

配色

P=帕可露

B=贝仙

- B 蓝紫色（53）
- B 黄绿色（33）
- B 绿色（107）
- P 红色（6）
- B 浅粉色（70）
- P 粉色（5）
- P 深粉色（22）
- B 浅蓝色（40）
- B 艳绿色（34）
- B 白色（1）

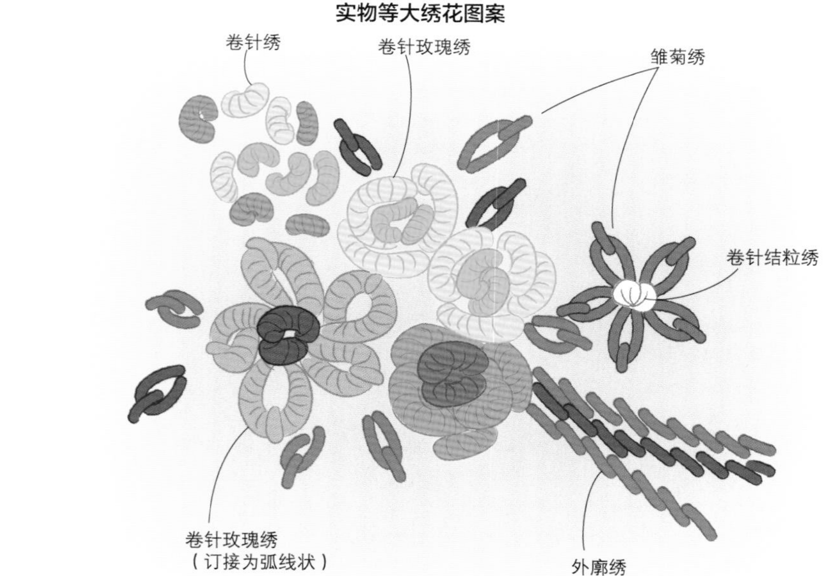

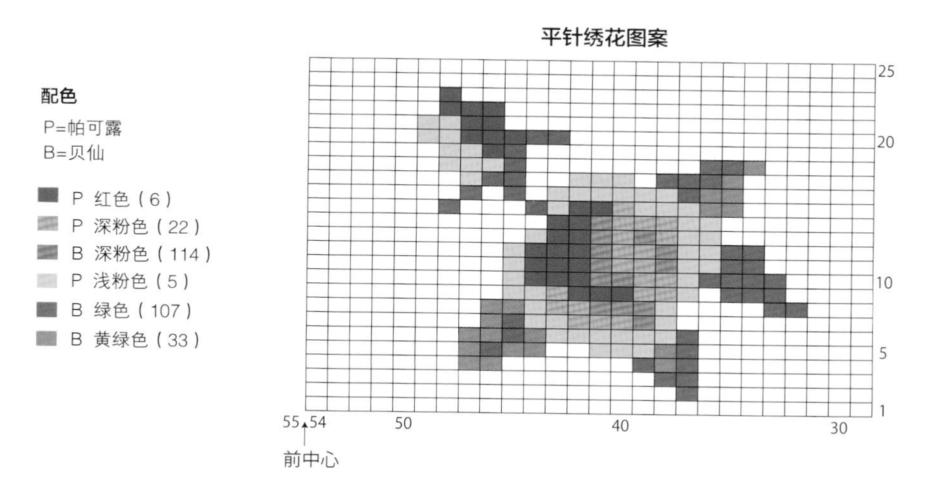
平针绣花图案
配色
P=帕可露
B=贝仙
P 红色（6）
P 深粉色（22）
B 深粉色（114）
P 浅粉色（5）
B 绿色（107）
B 黄绿色（33）
25
20
10
5
1
55
54
50
40
30
前中心

基本的绣法

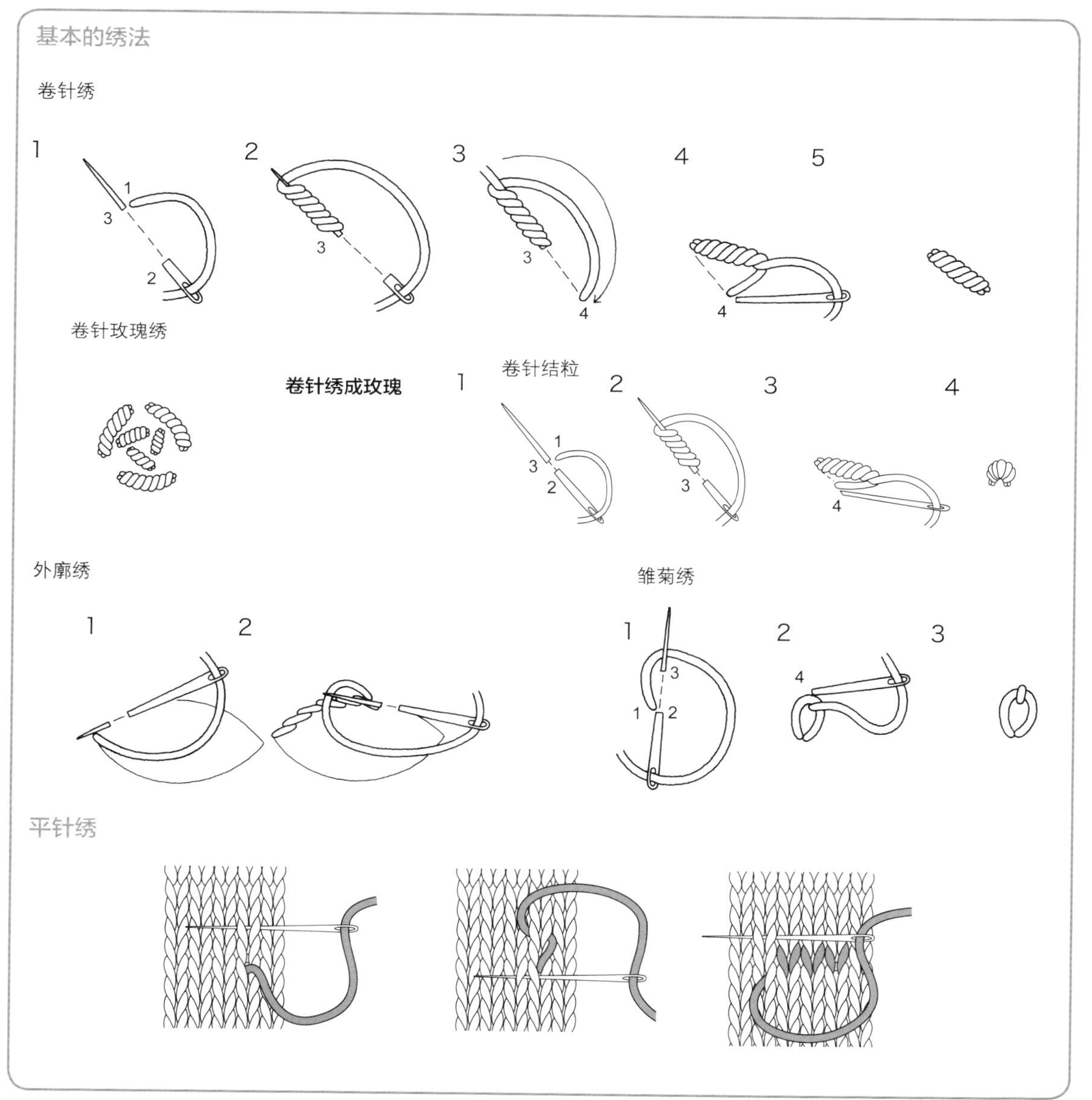
卷针绣
1
2
3
4
5
卷针玫瑰绣
卷针绣成玫瑰
卷针结粒
外廓绣
雏菊绣
平针绣

彩色项链 | P.29

材料

线 / Rich More 贝仙 薄荷绿（109）、松石绿（108）各适量

HAMANAKA 帕可露 红色（6）、紫色（14）、橙色（7）、深粉色（22）、蓝色（23）、粉色（5）各适量

手编屋 Tapi Wool 咖啡色（321）、黄色（332）、紫色（237）各适量

针 /4/0 号钩针 手缝针

尺寸

直径 2cm 线珠 1 个 整体长 92cm

编织方法

1 按指定颜色编织 27 个线珠。

2 用手缝针从线珠的上中心穿线至下中心。

3 编织绳带，订缝接合于两端的线珠。

线珠 27个

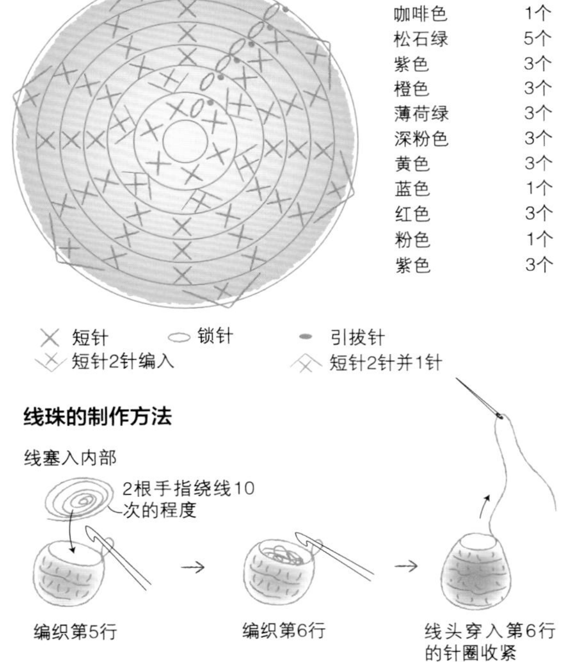

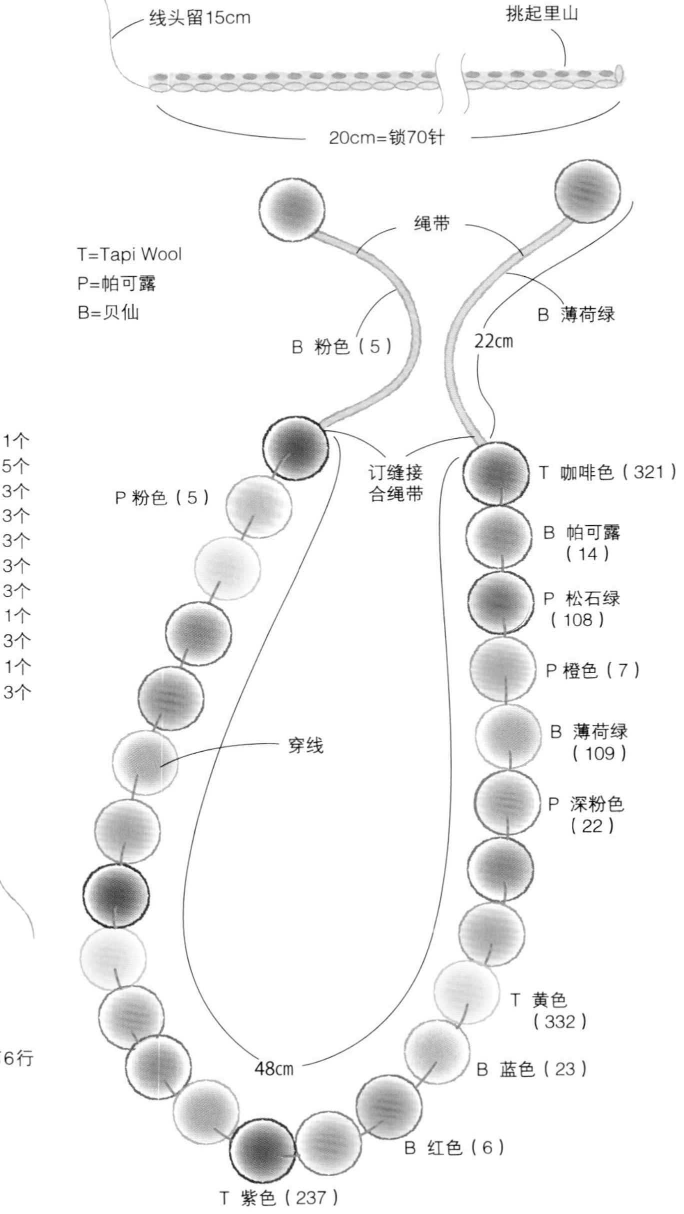

材料

线／ **HAMANAKA 帕可露**

[粉色系] 原色(16)、浅粉色(4)、粉色(5)、黄绿色(9)、紫色(14)、深粉色(22)、蓝色(23)各适量

[蓝色系] 原色(16)、浅蓝色(12)、褐色(17)、蓝色(23)、红色(6)、芥末黄(27)、海蓝色(13)各适量

其他／涤纶棉 1个30g

针／4号2支棒针 手缝针

尺寸

球的直径 15cm

编织方法

1 按指定颜色编织各零件。

2 留开口，挑起订缝接合各零件。塞入夹心棉，订缝开口。

零件 6片（①～⑥）

休针

→62

→60

→50

→40

→30

→20

→10

②④⑥
每4行换色

→5

←1（起针）

20cm
=
62行

A B A B A B A B A B A B A B A

□ = [|] 下针　[–] 上针

左上2针并1针　右上2针并1针

右加针　左加针

[粉色系]

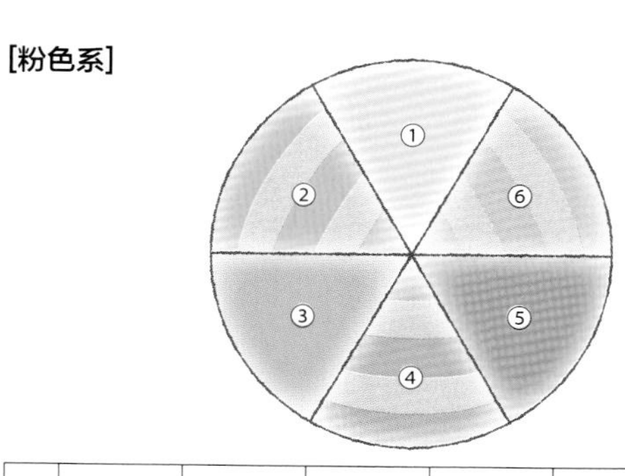

	①	②	③	④	⑤	⑥
B	浅粉色（4）	原色（16）	黄绿色（9）	原色（16）	深粉色（22）	原色（16）
A		粉色（5）		紫色（14）		蓝色（23）

[蓝色系]

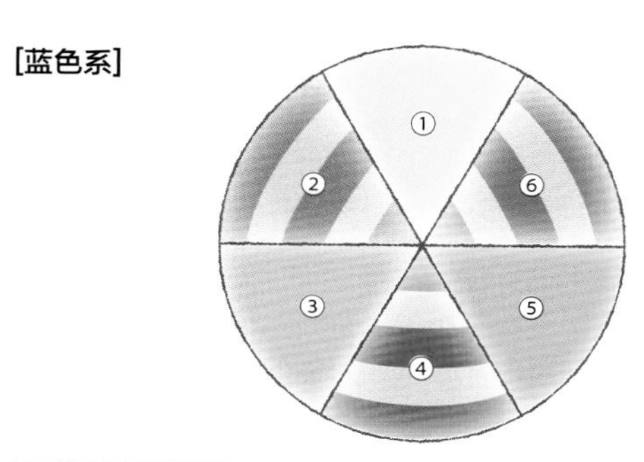

	①	②	③	④	⑤	⑥
B	浅粉色（12）	原色（16）	蓝色（23）	原色（16）	芥末黄（27）	原色（16）
A		褐色（17）		红色（6）		海蓝色（13）

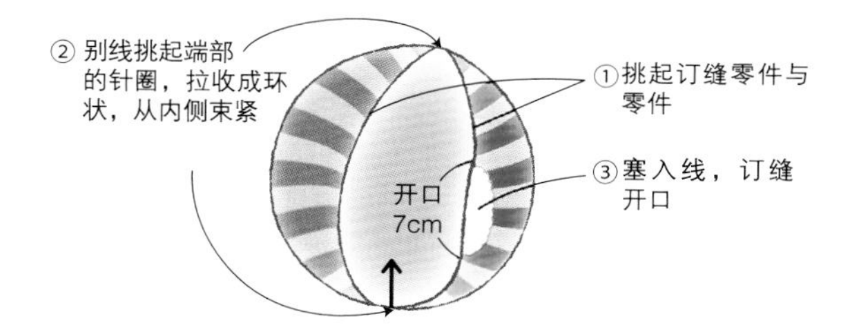

小熊和小兔的帽子和袜子

P.8-9

材料

线 / **[小熊]HAMANAKA 苏罗梦罗 推迪** 褐色（73）帽子 50g、袜子 30g **HAMANAKA 帕可露** 黑色（20）适量

[小兔] 横田 Animal Touch 米色（7）帽子 90g、袜子 50g

针 / 参照下表 **[通用]** 手缝针

织片密度

[小熊] 帽子 平针 10cm 见方 20 针、28 行

袜子 平针 10cm 见方 23 针、34 行

[小兔] 帽子 平针 10cm 见方 11 针、18 行

袜子 平针 10cm 见方 13 针、20 行

所用针（棒针）

	帽子（2支针）	袜子（4支针）
小熊	4号、6号	2号、3号、4号
小兔	11号、13号	10号、11号、12号

（钩针）

	帽子	袜子
小熊	5/0号	5/0号
小兔	10/0号	

编织方法（ ）内为兔子

帽子

1 编织 84 针（45 针）起针，伏针编织中间针圈，减针编织 69 行（45 行）。

2 从起针挑起针圈，编织脸部周围的双松紧针。

3 订缝接合反面，编织颈部（使用 4 支针编织成环状）。

4 缝接耳朵。

袜子

1 编织 32 针（18 针）起针，接着编织松紧针。

2 仅脚跟部分制作引回针，接着平针编织脚面和脚底。

3 朝向脚趾减针，最后平针接合。

4 仅小熊需要接合脚趾和肉垫，并绣出脚趾。

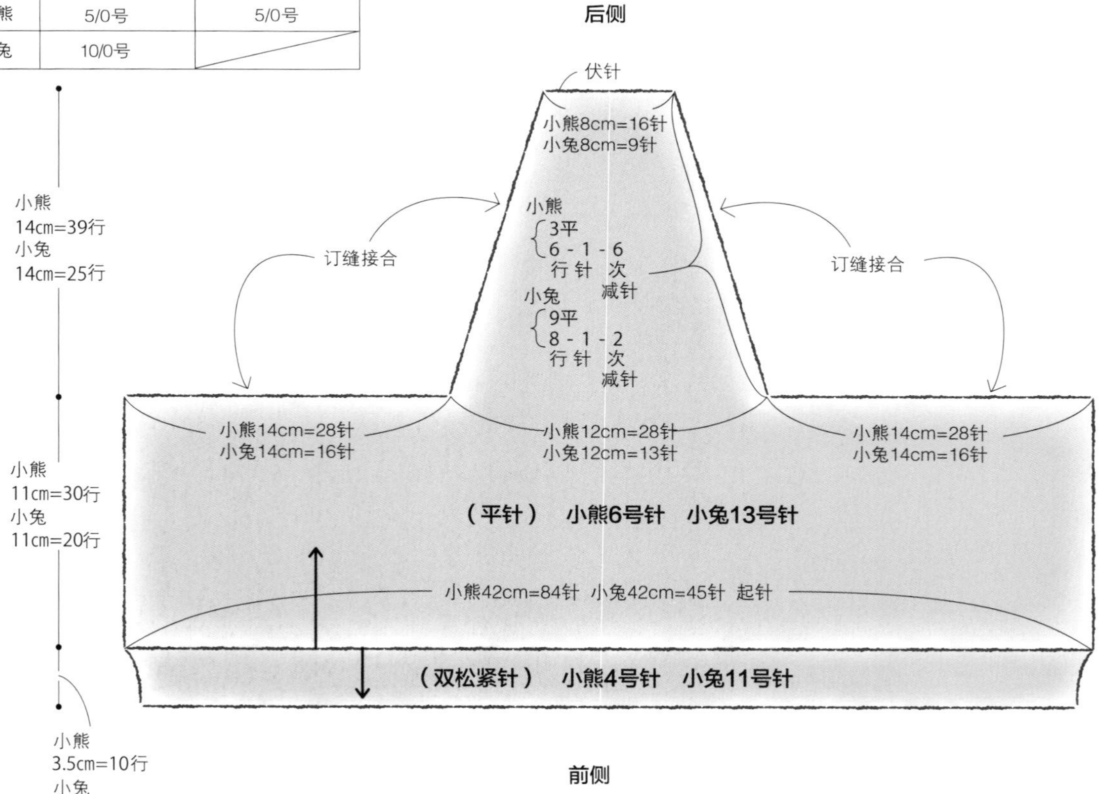

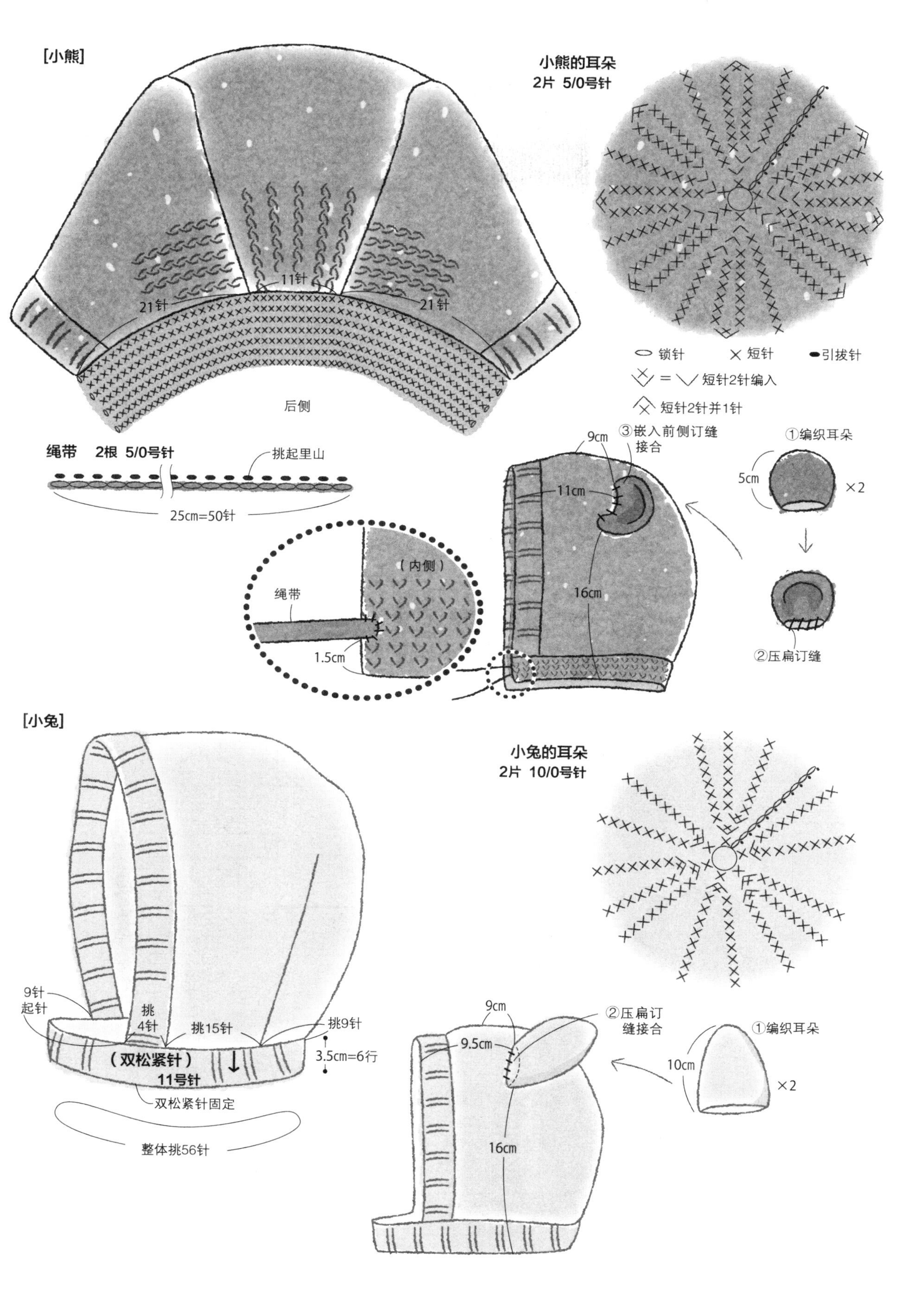
[小熊]
11针
21针
21针
后侧
小熊的耳朵
2片 5/0号针
锁针
短针
引拔针
= 短针2针编入
短针2针并1针
绳带 2根 5/0号针
挑起里山
25cm=50针
9cm
③嵌入前侧订缝接合
①编织耳朵
5cm
×2
11cm
（内侧）
绳带
1.5cm
16cm
②压扁订缝
[小兔]
小兔的耳朵
2片 10/0号针
9针起针
挑4针
挑15针
挑9针
（双松紧针）
11号针
3.5cm=6行
双松紧针固定
整体挑56针
9cm
②压扁订缝接合
①编织耳朵
9.5cm
10cm
×2
16cm

[袜子]

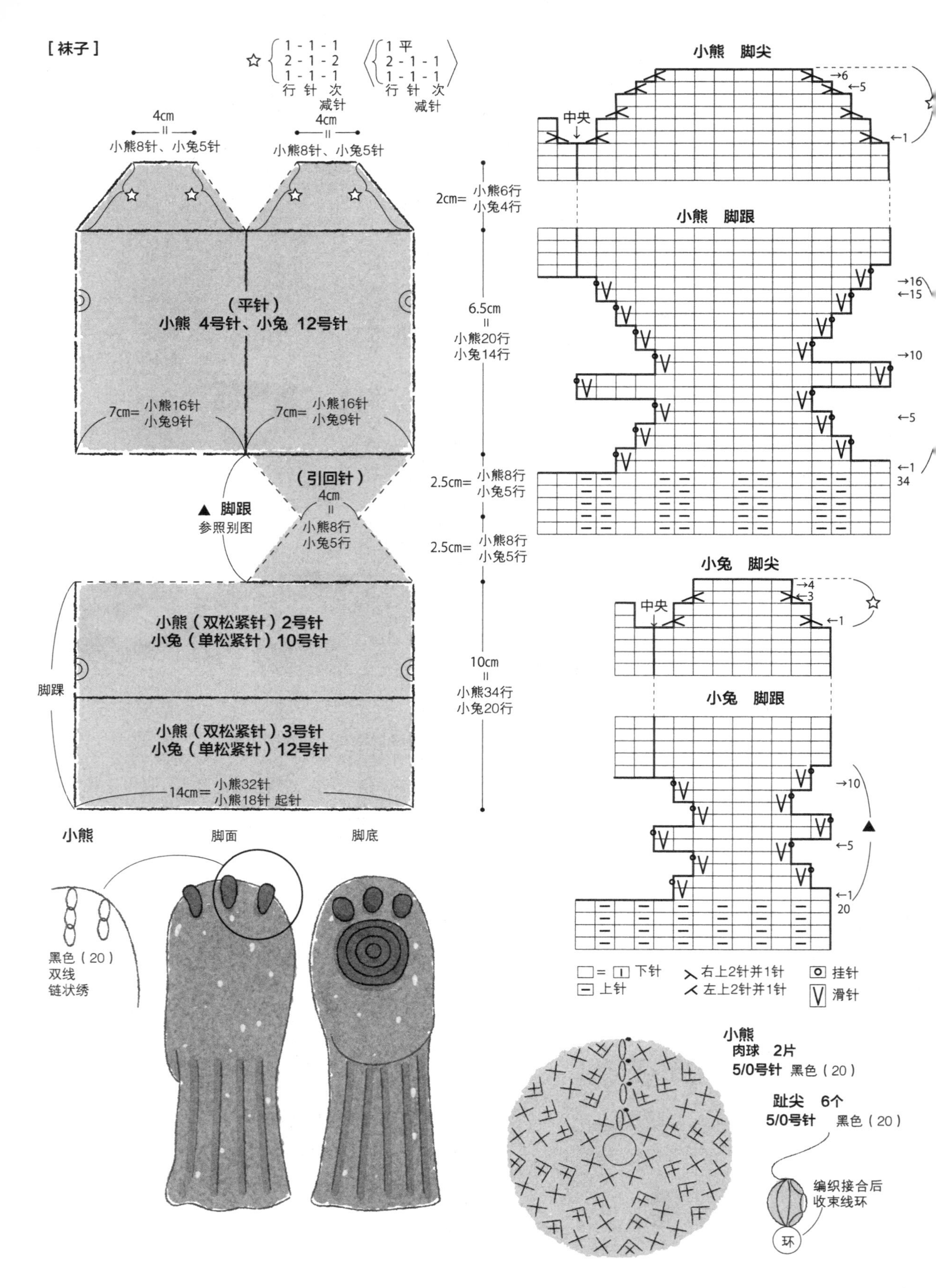

☆ 1-1-1 2-1-2 1-1-1 行 针 次 减针
1平 2-1-1 1-1-1 行 针 次 减针
4cm = 小熊8针、小兔5针
4cm = 小熊8针、小兔5针
（平针）
小熊 4号针、小兔 12号针
7cm= 小熊16针 小兔9针
7cm= 小熊16针 小兔9针
（引回针）
4cm = 小熊8行 小兔5行
▲ 脚跟
参照别图
小熊（双松紧针）2号针
小兔（单松紧针）10号针
小熊（双松紧针）3号针
小兔（单松紧针）12号针
脚踝
14cm= 小熊32针 小熊18针 起针
2cm= 小熊6行 小兔4行
6.5cm = 小熊20行 小兔14行
2.5cm= 小熊8行 小兔5行
2.5cm= 小熊8行 小兔5行
10cm = 小熊34行 小兔20行
小熊 脚尖
中央
小熊 脚跟
小兔 脚尖
小兔 脚跟
□=□ 下针
− 上针
右上2针并1针
左上2针并1针
挂针
滑针
小熊
脚面
脚底
黑色（20）
双线
链状绣
小熊
肉球 2片
5/0号针 黑色（20）
趾尖 6个
5/0号针 黑色（20）
编织接合后
收束线环
环

双面防寒服 | P.12

材料

A 线 / **Diamohairdeux（Alpaca）** 蓝色（708）90g 橙色（709）100g

B 线／**手编屋 Honey Wool** 绿色（07）100g **Rich More 温柔娜娜** 插肩（73）80g

针／**A** 4 号 2 支棒针、**B** 6 号、4 号 2 支棒针 **通用** 5/0 号钩针 手缝针

织片密度

上平针

A 10cm 见方 21 针、30 行 **B** 10cm 见方 23 针、34 行

编织方法〈 〉内为 B

1 编织 64 针（70 针）起针，接着编织正面前衣片、袖子。

2 从起针挑起针圈，编织反面后衣片、袖子。

3 帽子从正面连续编织至反面。

4 分别进行线头处理，在插肩线处订缝袖子和衣片。

5 反面送入正面衣片和正面衣袖的内侧，分别订缝正面、反面的衣袖下及侧边。

6 正面向内引拔正面帽子和正面衣片，对齐反面帽子和反面衣片，从正面订缝。

7 编织绳带，订缝接合帽子。

〈 〉为B的数值

部分的A为橙色　　B用褐色编织

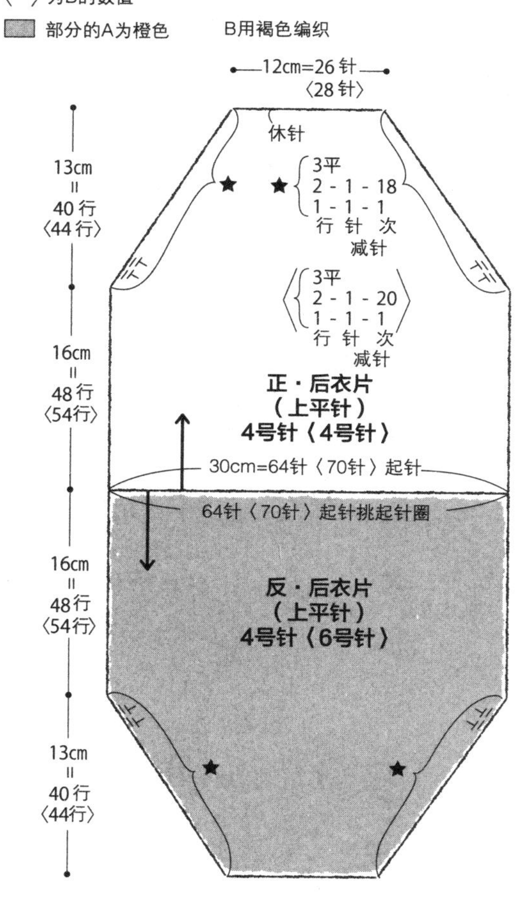

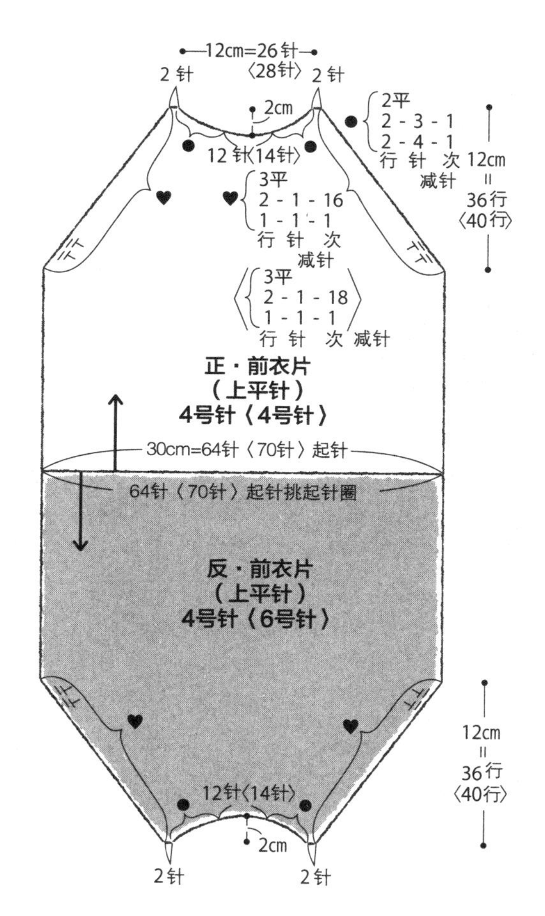

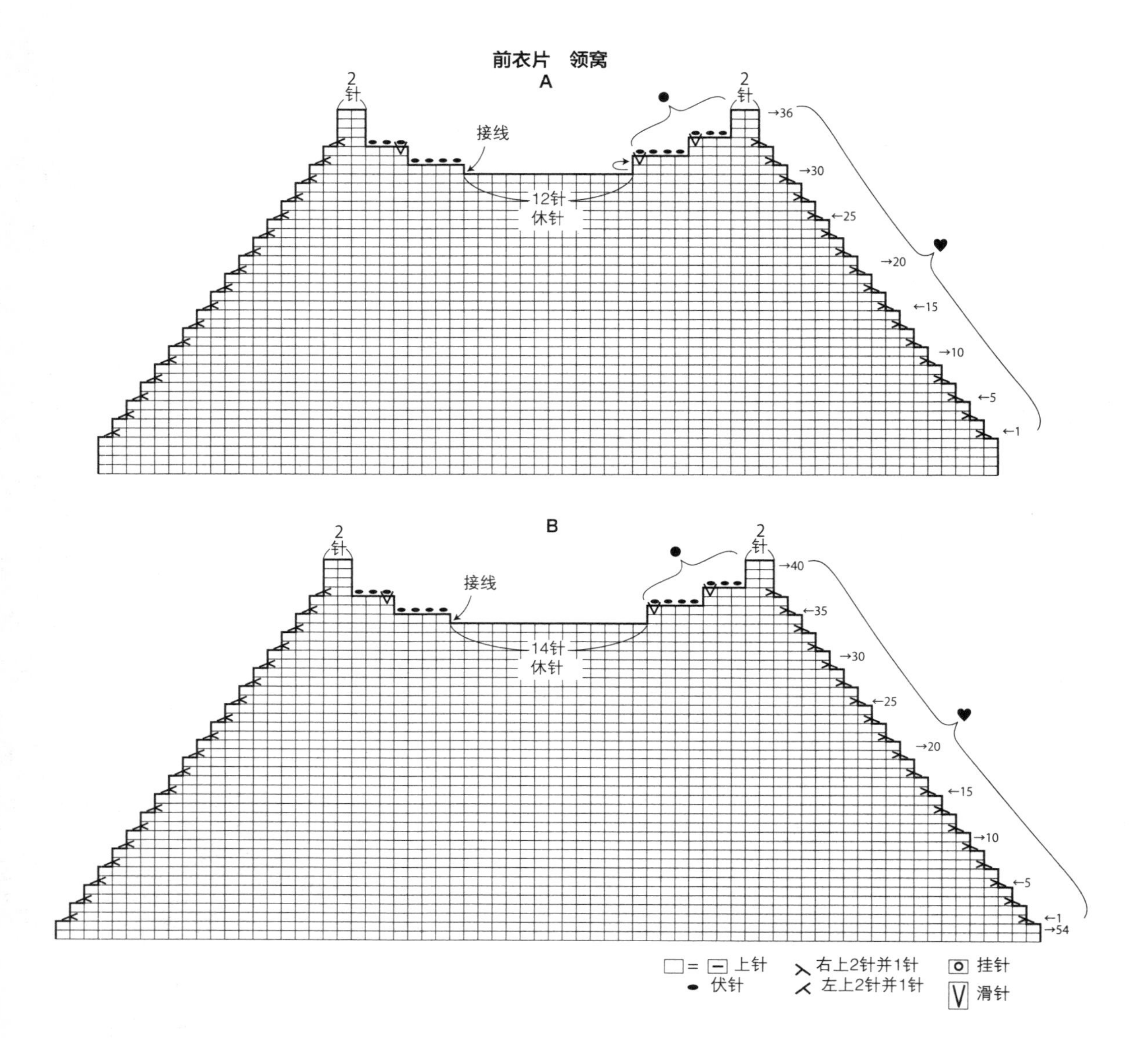

前衣片 领窝
A
2针
2针
接线
12针
休针
→36
→30
←25
→20
←15
→10
←5
←1
B
2针
2针
接线
14针
休针
→40
←35
→30
←25
→20
←15
→10
←5
←1
→54
□=⊟ 上针
伏针
右上2针并1针
左上2针并1针
挂针
滑针

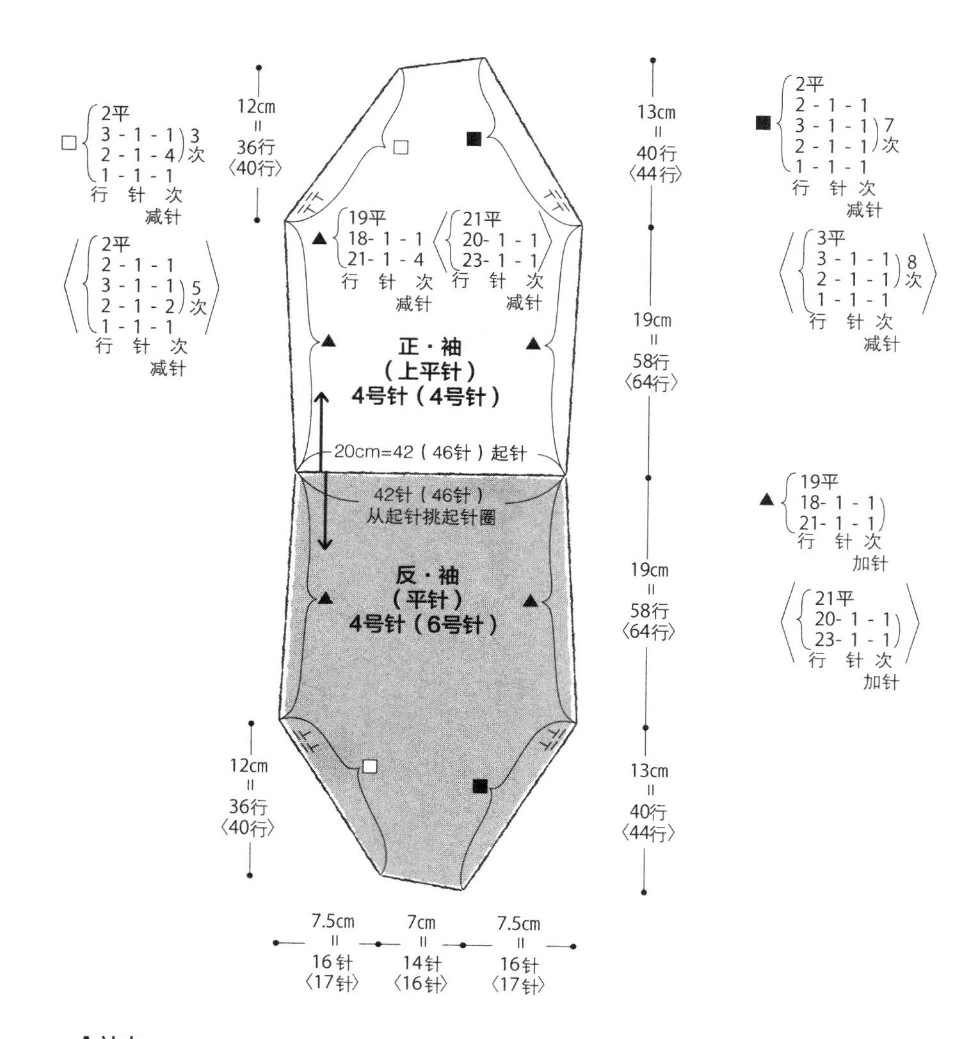

2平
3-1-1
2-1-4
1-1-1
3次
行 针 次
减针
2平
2-1-1
3-1-1
2-1-2
1-1-1
5次
行 针 次
减针
12cm
=
36行
〈40行〉
19平
18-1-1
21-1-4
行 针 次
减针
21平
20-1-1
23-1-1
行 针 次
减针
正・袖
（上平针）
4号针（4号针）
20cm=42（46针）起针
42针（46针）
从起针挑起针圈
反・袖
（平针）
4号针（6号针）
13cm
=
40行
〈44行〉
19cm
=
58行
〈64行〉
19cm
=
58行
〈64行〉
2平
2-1-1
3-1-1
2-1-1
1-1-1
7次
行 针 次
减针
3平
3-1-1
2-1-1
1-1-1
8次
行 针 次
减针
19平
18-1-1
21-1-1
行 针 次
加针
21平
20-1-1
23-1-1
行 针 次
加针
12cm
=
36行
〈40行〉
13cm
=
40行
〈44行〉
7.5cm
=
16针
〈17针〉
7cm
=
14针
〈16针〉
7.5cm
=
16针
〈17针〉

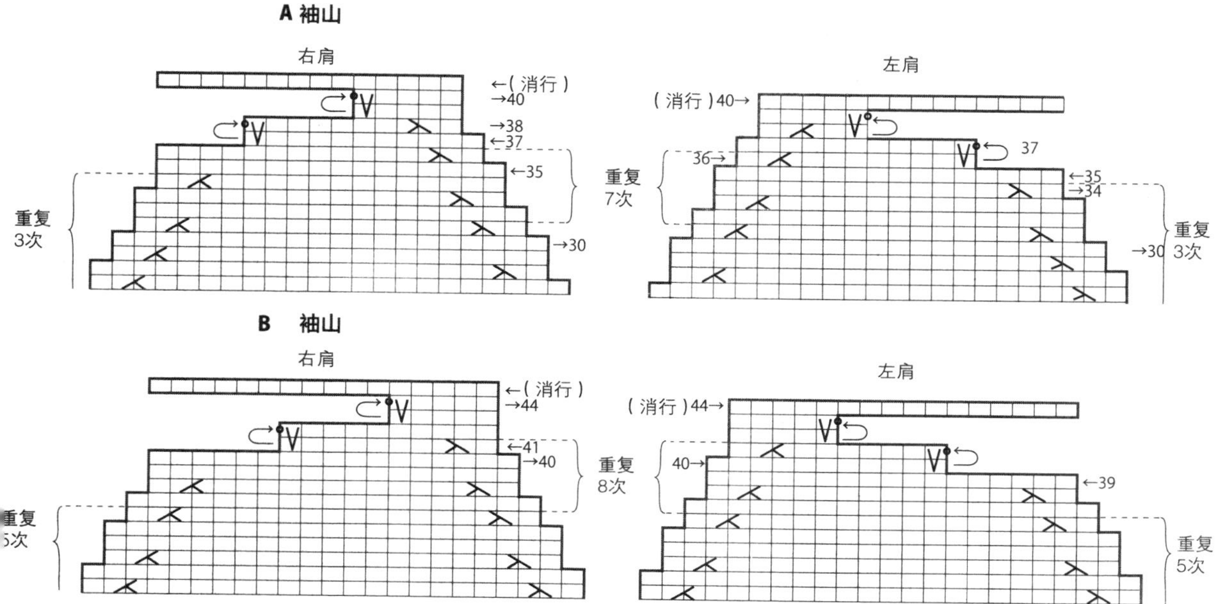

A 袖山
右肩
←（消行）
→40
→38
←37
←35
→30
重复
3次
重复
7次
左肩
（消行）40→
36→
37
←35
→34
→30
重复
3次
B 袖山
右肩
←（消行）
→44
←41
→40
重复
8次
重复
5次
左肩
（消行）44→
40→
←39
重复
5次

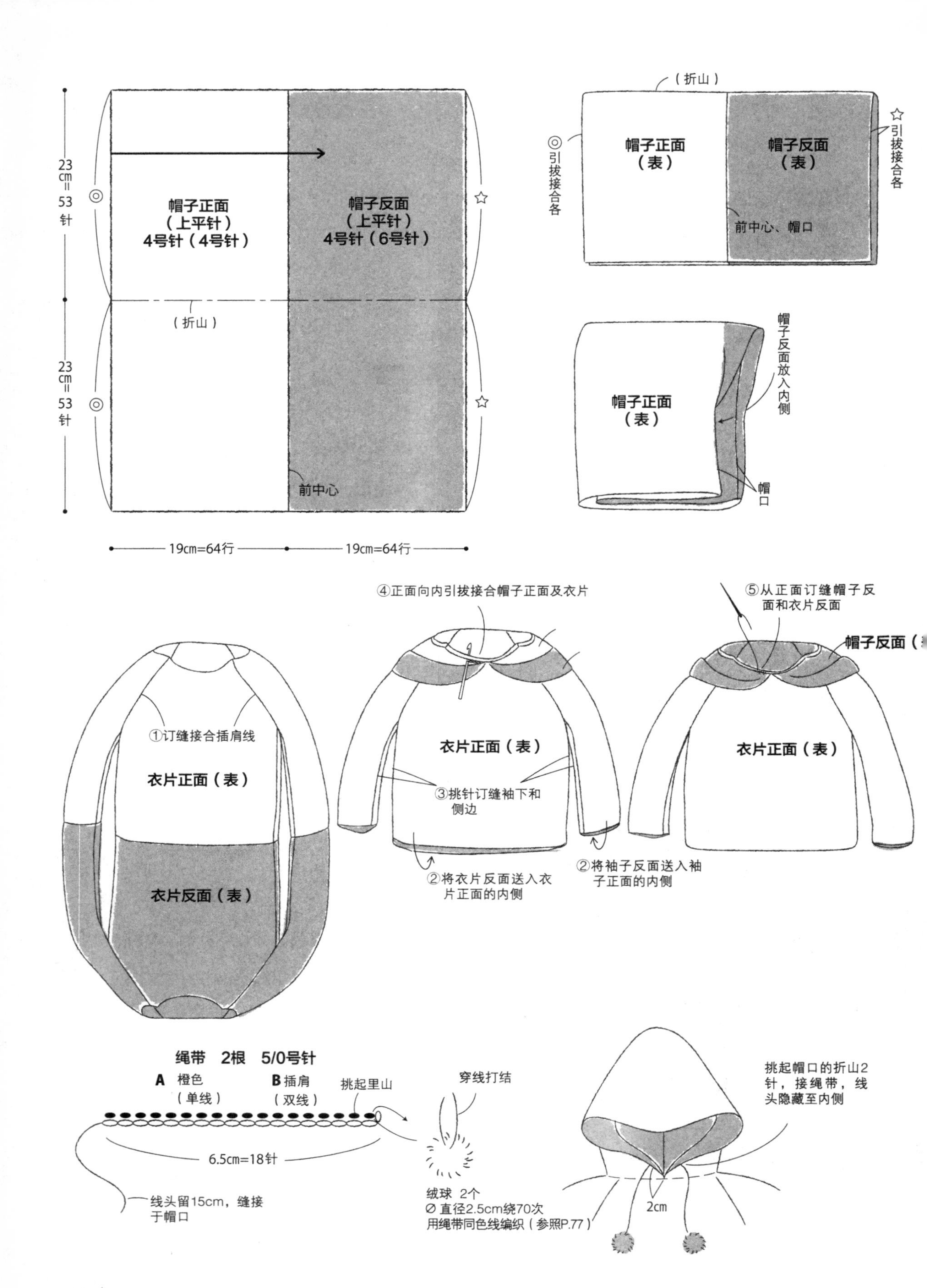
23cm=53针
23cm=53针
帽子正面
（上平针）
4号针（4号针）
帽子反面
（上平针）
4号针（6号针）
（折山）
前中心
19cm=64行
19cm=64行
（折山）
◎引拔接合
帽子正面
（表）
帽子反面
（表）
☆引拔接合
前中心、帽口
帽子正面
（表）
帽子反面放入内侧
帽口
④正面向内引拔接合帽子正面及衣片
⑤从正面订缝帽子反面和衣片反面
帽子反面（
①订缝接合插肩线
衣片正面（表）
衣片反面（表）
衣片正面（表）
③挑针订缝袖下和侧边
②将衣片反面送入衣片正面的内侧
②将袖子反面送入袖子正面的内侧
衣片正面（表）
绳带　2根　5/0号针
A 橙色
（单线）
B 插肩
（双线）
挑起里山
6.5cm=18针
线头留15cm，缝接于帽口
穿线打结
绒球 2个
∅ 直径2.5cm绕70次
用绳带同色线编织（参照P.77）
挑起帽口的折山2针，接绳带，线头隐藏至内侧
2cm

材料

线／ Rich More 斯帕特 摩登（斐）紫色（317）80g

针／ 8 号 2 支棒针 6/0 号钩针 手缝针

其他／直径 2cm 纽扣（紫色）1 个

织片密度

10cm 见方 18.5 针、40 行

编织方法

1 两片前衣片和一片后衣片分别起针，起伏针编织。

2 接合肩部，挑起订缝两侧边。

3 袖窿、领窝、前开襟及下摆侧编织边缘针。

4 开扣眼，缝接纽扣。

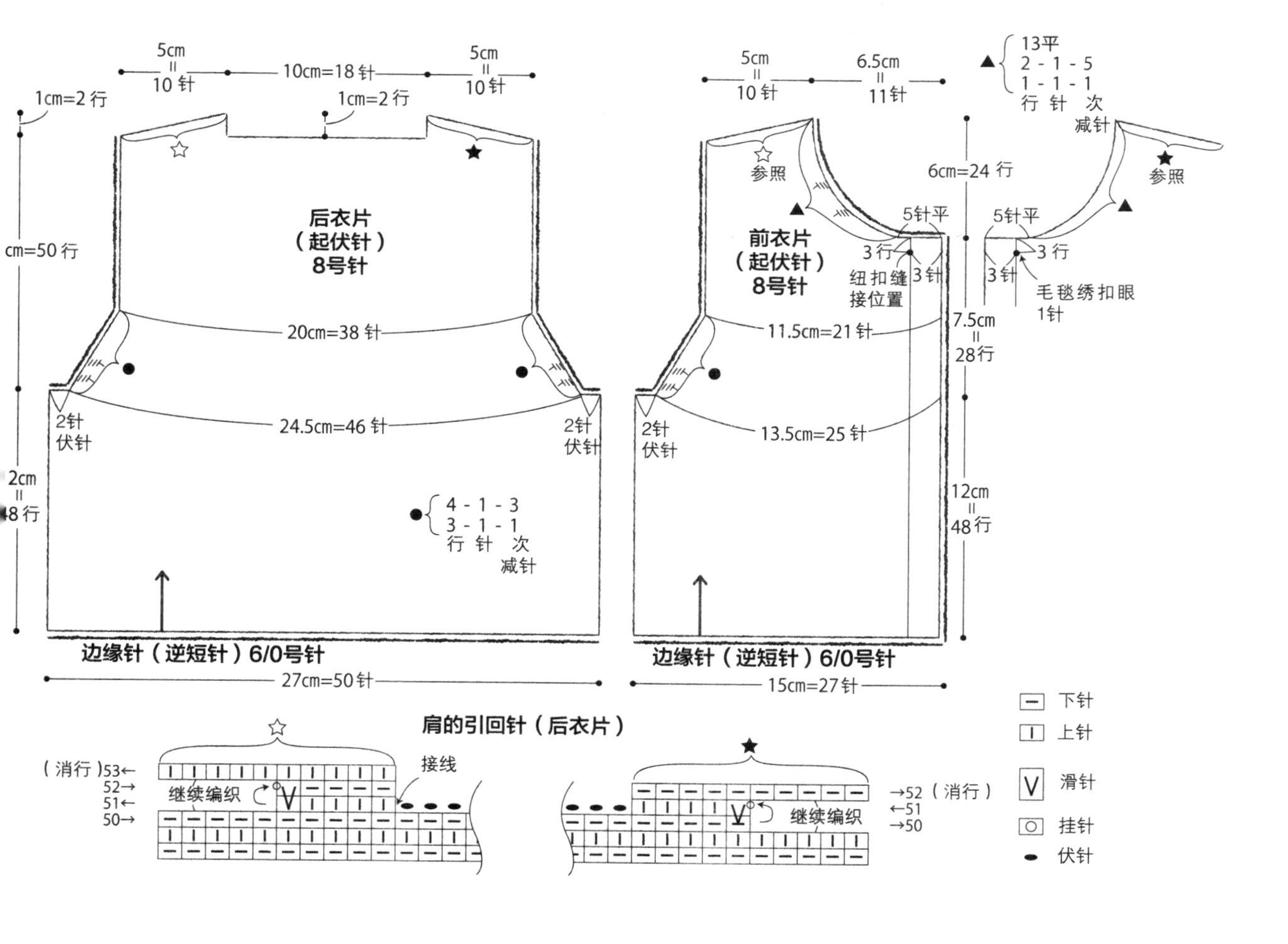

绒球围巾 | P.18

材料

线／ **Rich More 贝仙** 原色（120）35g 深蓝色（106）35g 芥末黄（6）20g

针／6 号 2 支棒针 手缝针

织片密度

10cm 见方平针 25 针、28 行

编织方法

1 编织 40 针起针，平针每 4 行换色编织 252 行。

2 挑起订缝接合，整体制作成筒状。

3 制作绒球，两端糅合、固定绒球。

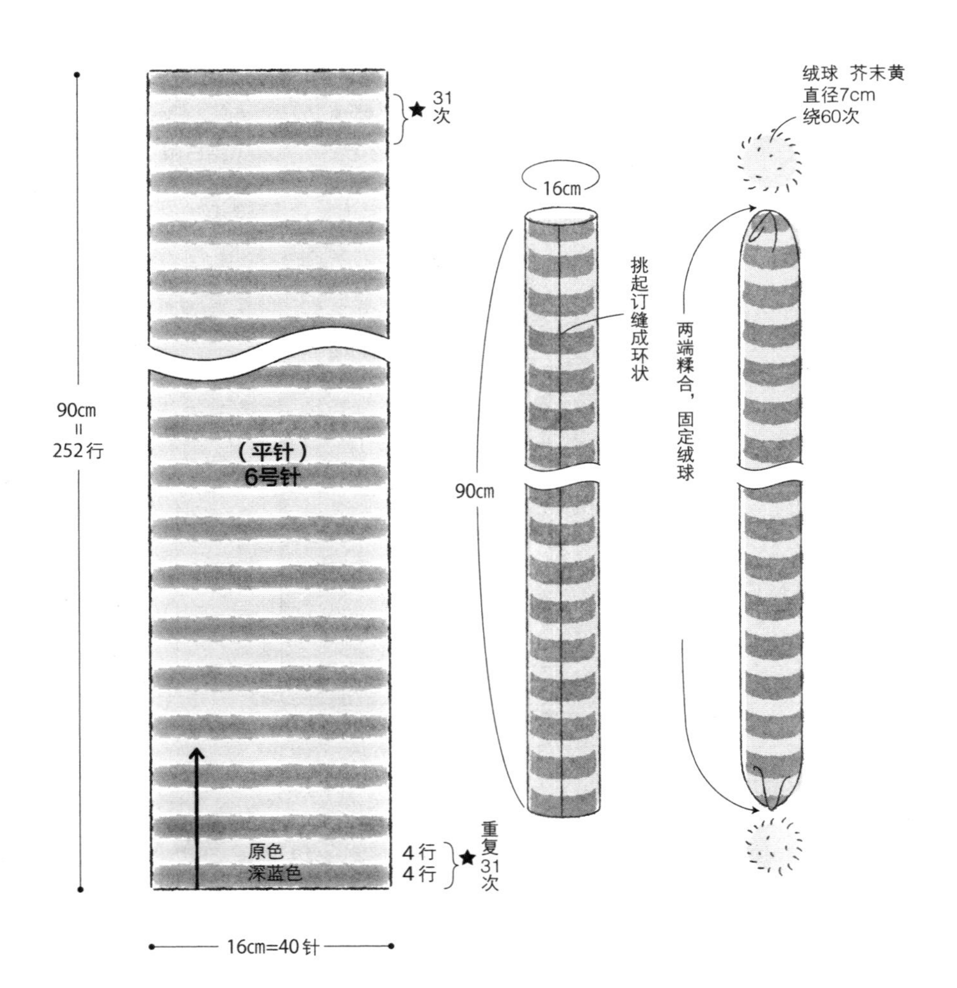

荷叶边背心 | P.22

材料

线／**[本体、绳带] Rich More 斯帕特 摩登（斐）** 粉色（319）110g 黄绿色（310）30g

[花样] Rich More 贝仙 深粉色（114）、白色（1）、芥末黄（6）、黄绿色（33）各适量

针／6/0 号、5/0 号钩针 手缝针

尺寸

衣长 32cm 肩宽 18cm

编织方法

1 锁针 10 针起针，从肩部向下摆编织。断线、接线，重复编织。

2 四周编织边缘针。

3 编织花朵，订缝接合于花样接合位置。

4 编织绳带，接合于后衣片。

[花样]5/0号针

花（大） 3片 深粉色（114）

重合白色花蕊，制作成花

花（小） 3片 白色（1）

重合芥末黄花蕊，制作成花

花蕊 芥末黄（6） 白色（1）**各3片**

编织接合，收束成环状

环

叶 8片 黄绿色（33）

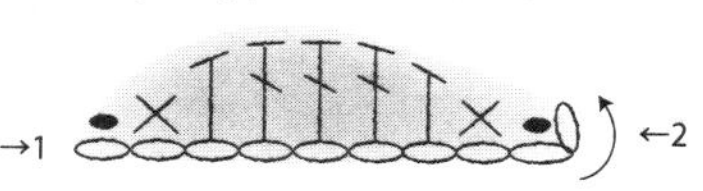

绳带 4根 黄绿色（310）

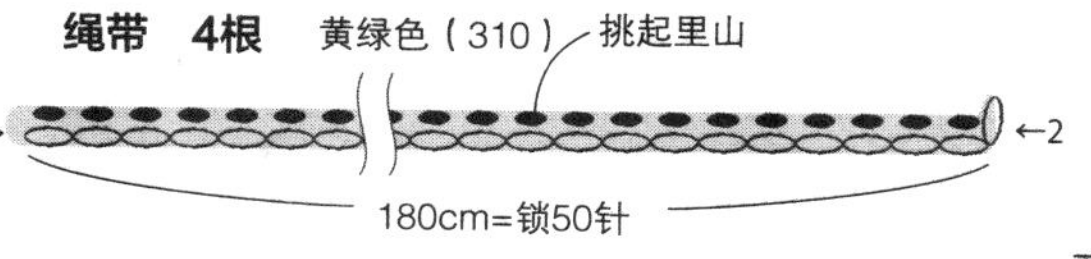

⬭ 锁针　● 引拔针　╳ 短针　T 中长针　长针　长长针

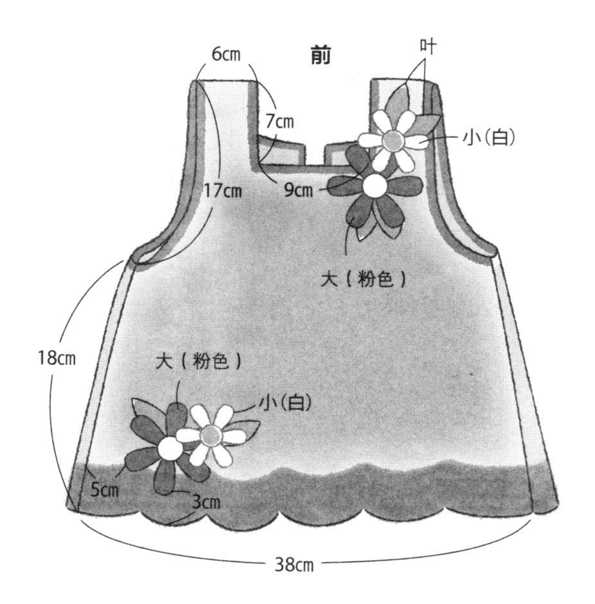

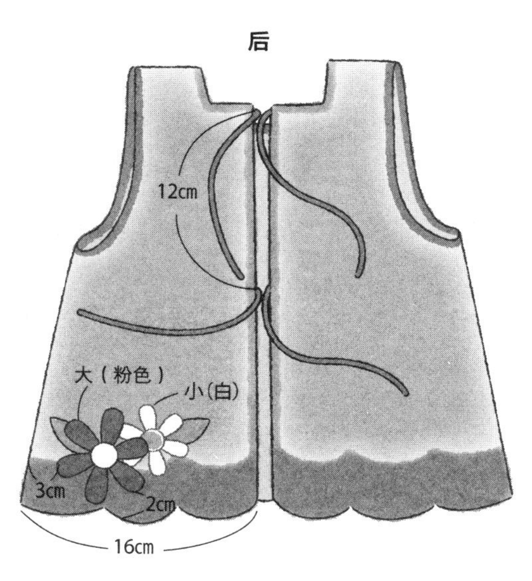

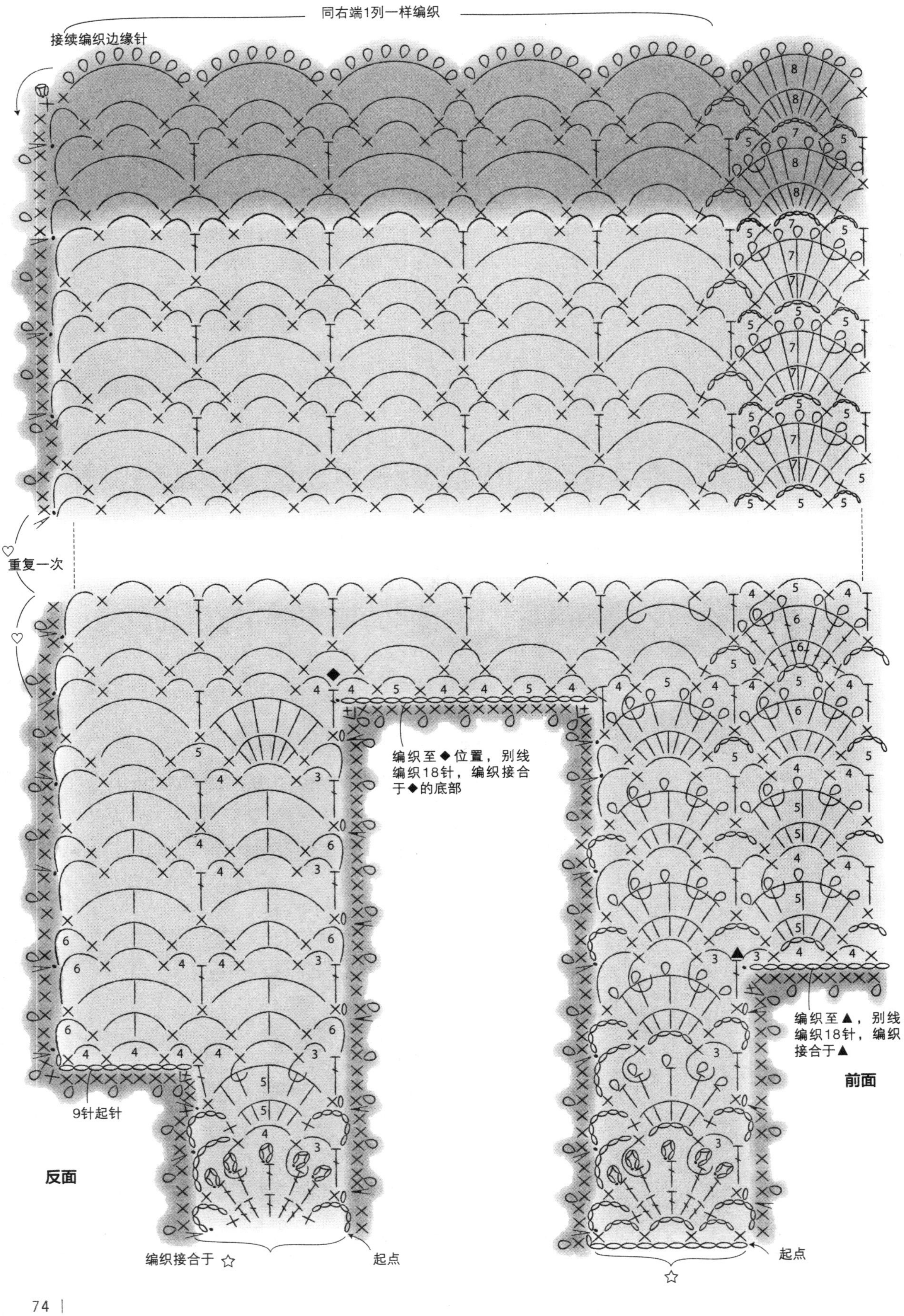

同右端1列一样编织

接续编织边缘针

重复一次

编织至◆位置，别线编织18针，编织接合于◆的底部

编织至▲，别线编织18针，编织接合于▲

9针起针

反面

前面

编织接合于☆

起点

起点

☆

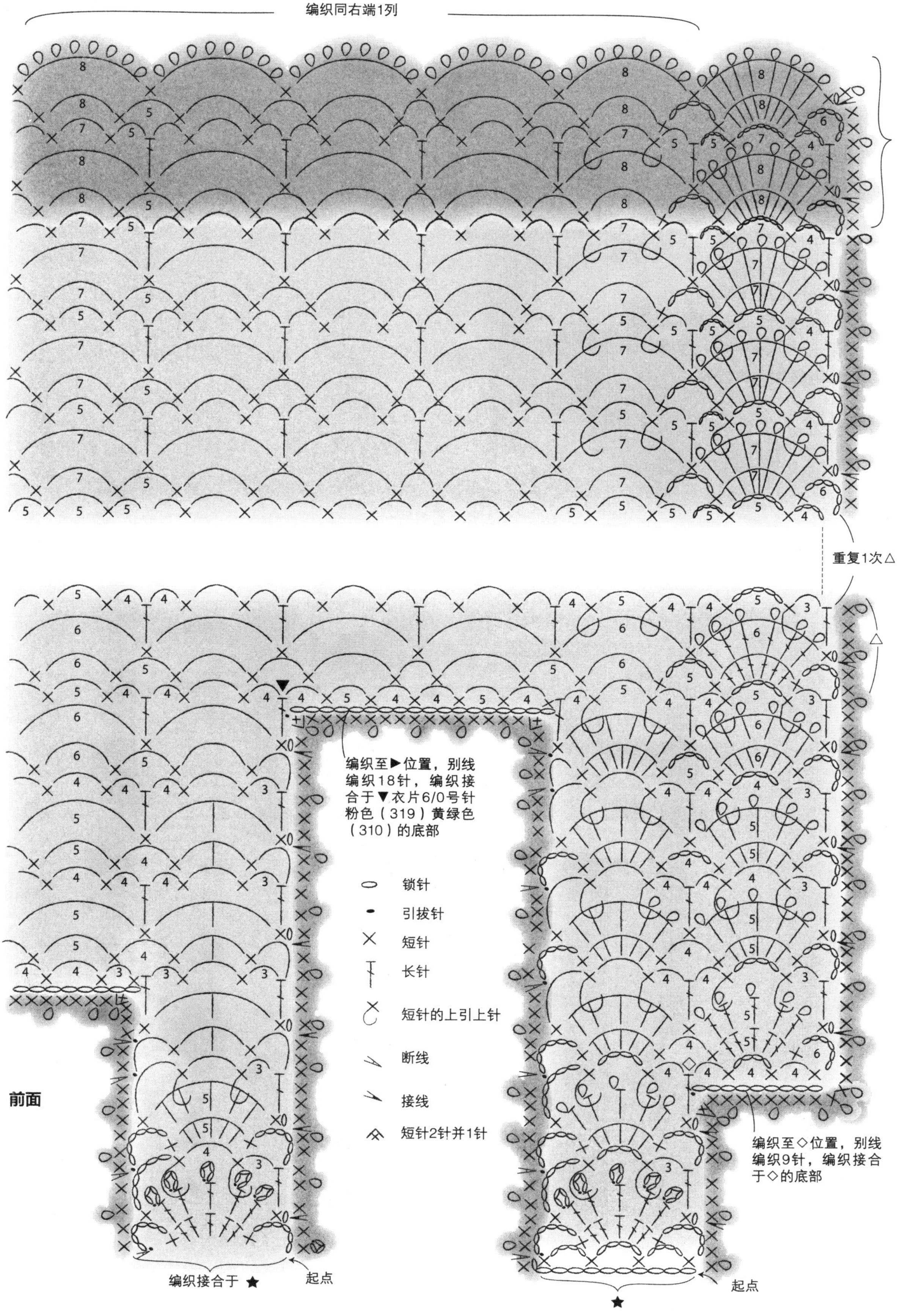

编织同右端1列

黄绿色

重复1次△

△

编织至▶位置，别线编织18针，编织接合于▼衣片6/0号针粉色（319）黄绿色（310）的底部

符号	说明
○	锁针
•	引拔针
×	短针
丅	长针
×̰	短针的上引上针
◁	断线
◀	接线
≪	短针2针并1针

前面

编织至◇位置，别线编织9针，编织接合于◇的底部

编织接合于★

起点

起点

★

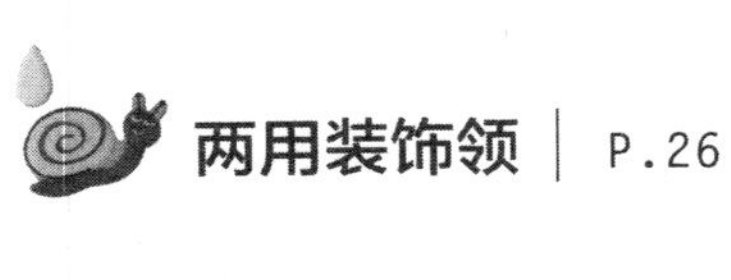

两用装饰领 | P.26

材料

线 / **Diaepoca** 紫色（327）100g

针 / 6/0 号、4/0 号钩针 手缝针

尺寸

参照图示

编织方法

1 锁针制作 169 针起针。

2 从荷叶边部分的后面开始编织引上针，编织 18 行。

3 起针一端编织绳带穿口及边缘针。

4 编织绳带，穿入绳带穿口。

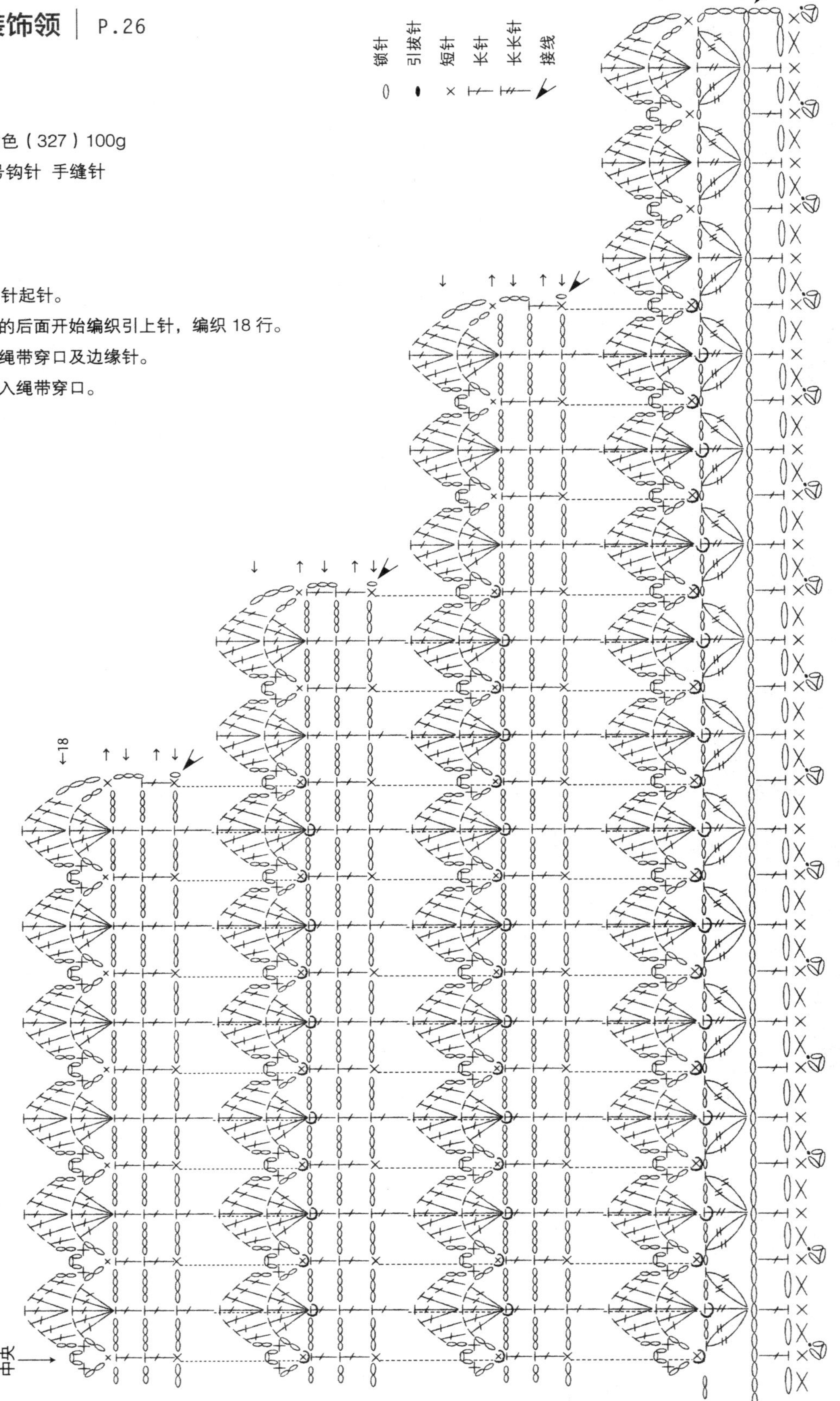

编织方法记号图（花纹针） 6/0号针

绳带（后侧用2根） 4/0号针

挑起里山

33cm＝锁85针

绳带（领窝用）1根 4/0号针

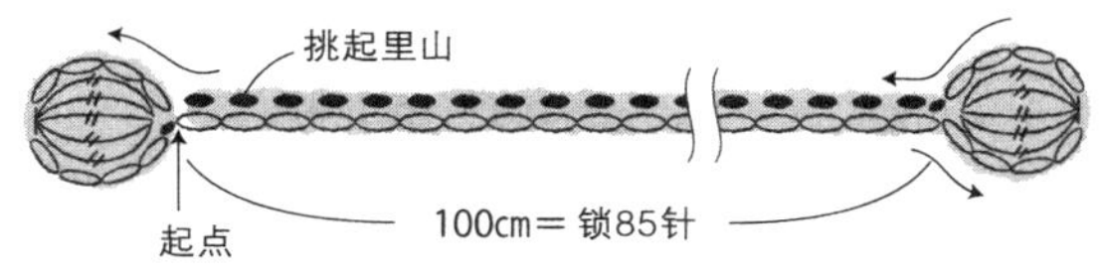

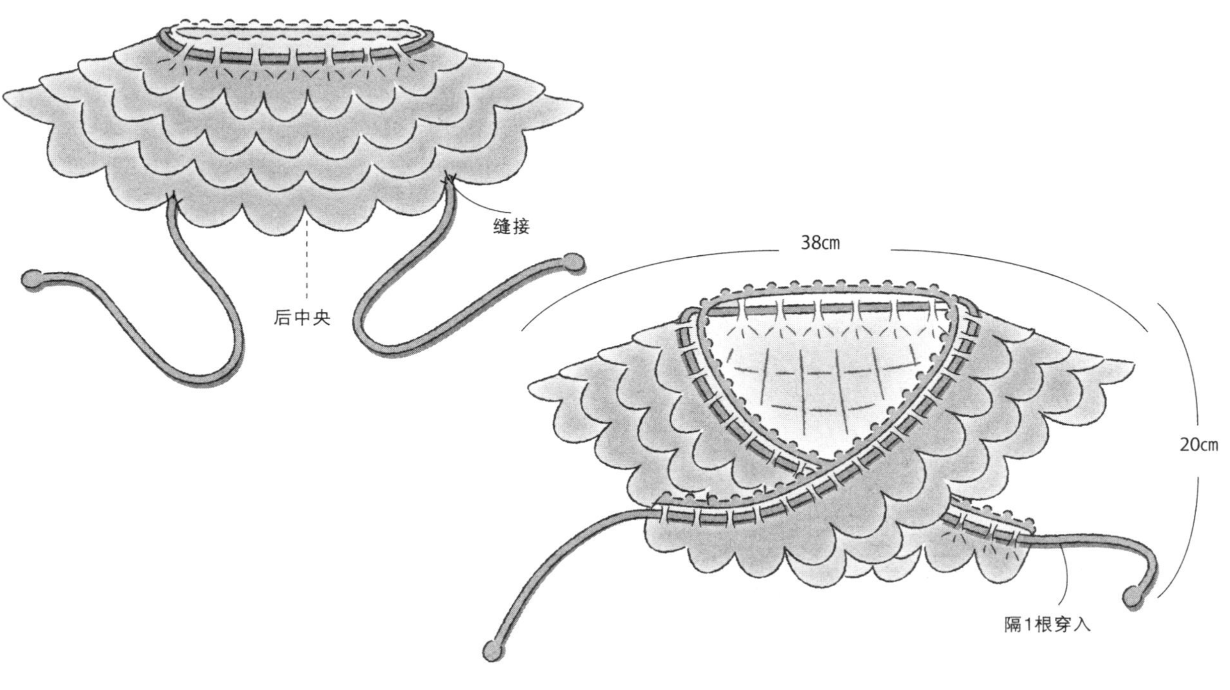

绒球的制作方法

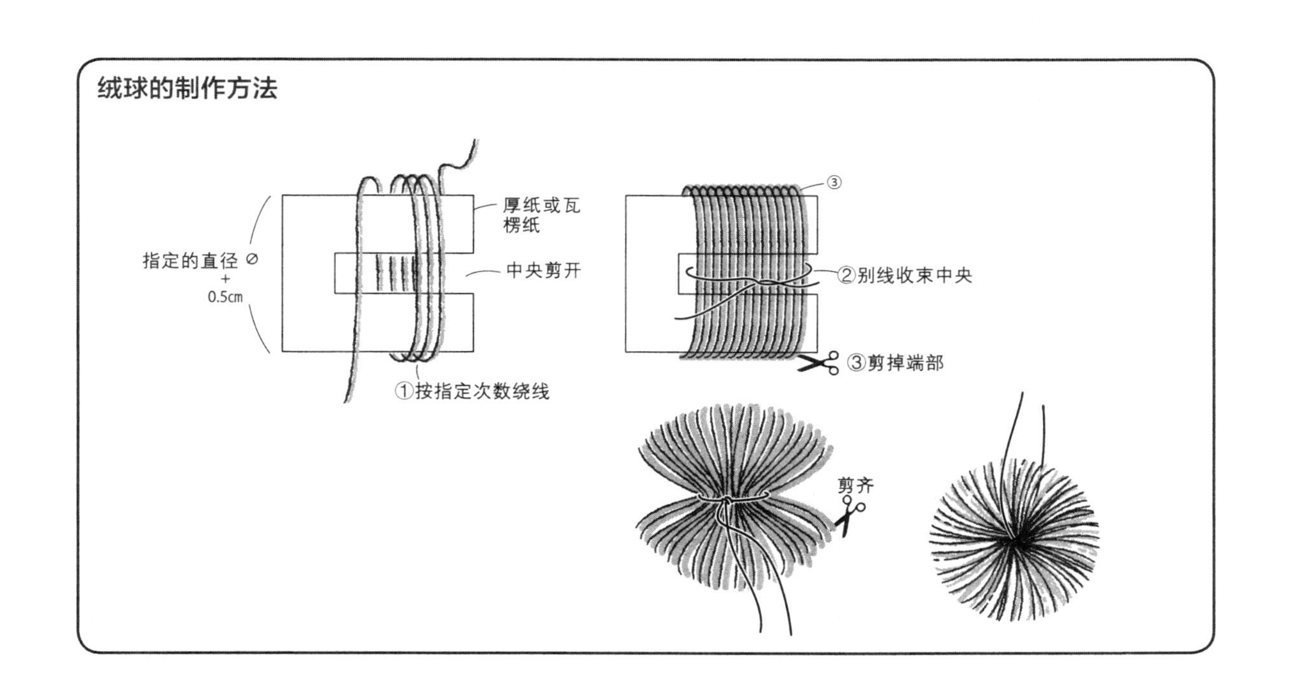

护腿 | P.20

材料

线 / **手编屋 Visjo**

橙色（07）20g 浅蓝色（20）15g

针 / 5 号、4 号 2 支棒针 手缝针

织片密度

平针 10cm 见方 22 针、35 行

编织方法

1 编织 38 针起针，换色编织 60 行，伏针编织。

2 从伏针两端挑起 38 针，单松紧针编织 10 行。

3 从起针挑起 38 针，单松紧针编织 10 行。

4 整体制作成环状，挑起订缝接合。

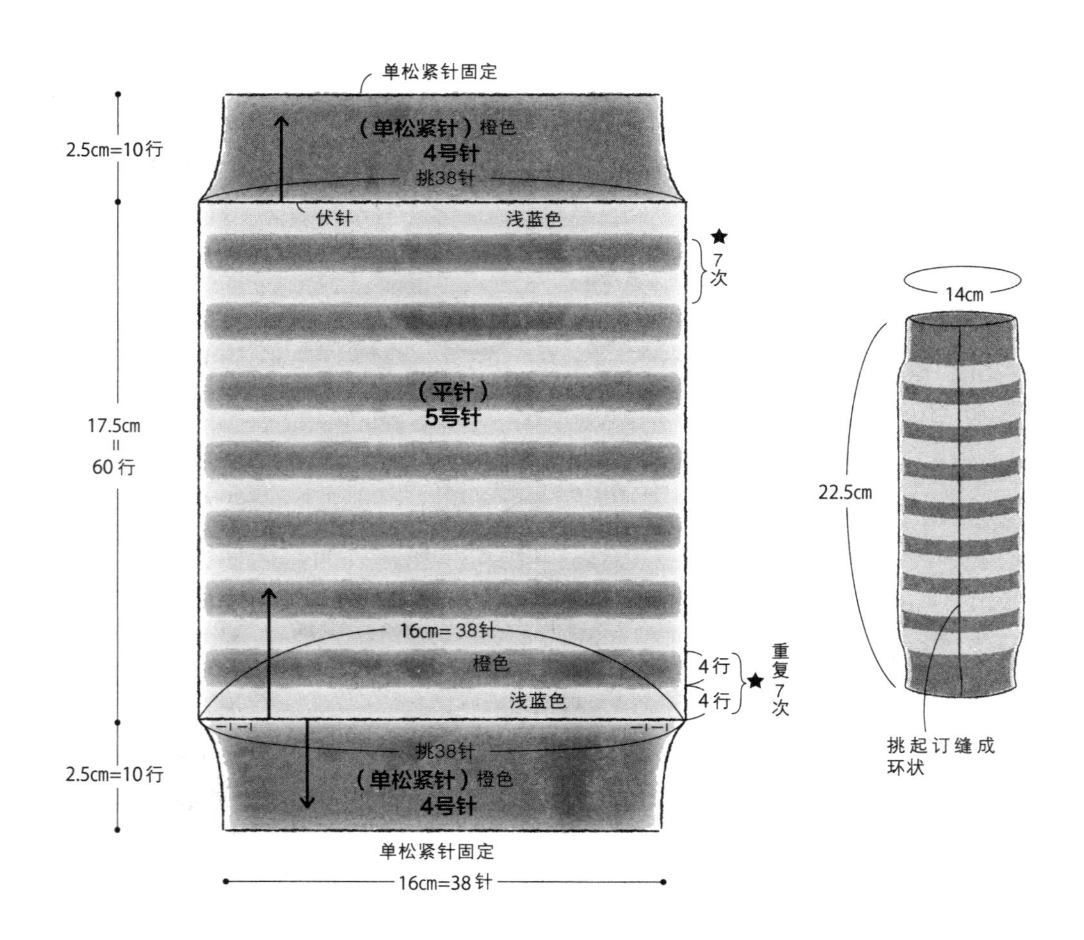

小圆底包 | P.28

材料

线 / **Diamohairdeux（Alpaca）** 浅粉色（705）30g
Rich More 贝仙 深粉色（114）30g 黄绿色（33）15g
针 / 6/0 号 4/0 号钩针 手缝针

编织密度

短针 10cm 见方 20 针、22 行

编织方法

1 使用 Diamohairdeux 和 Rich More（深粉色），编织包本体。锁针编织 15 针起针，接着从包的底部编织至侧面。
2 入口编织 1 行逆短针。
3 编织手挽和花样，接合于包本体。

[包本体]

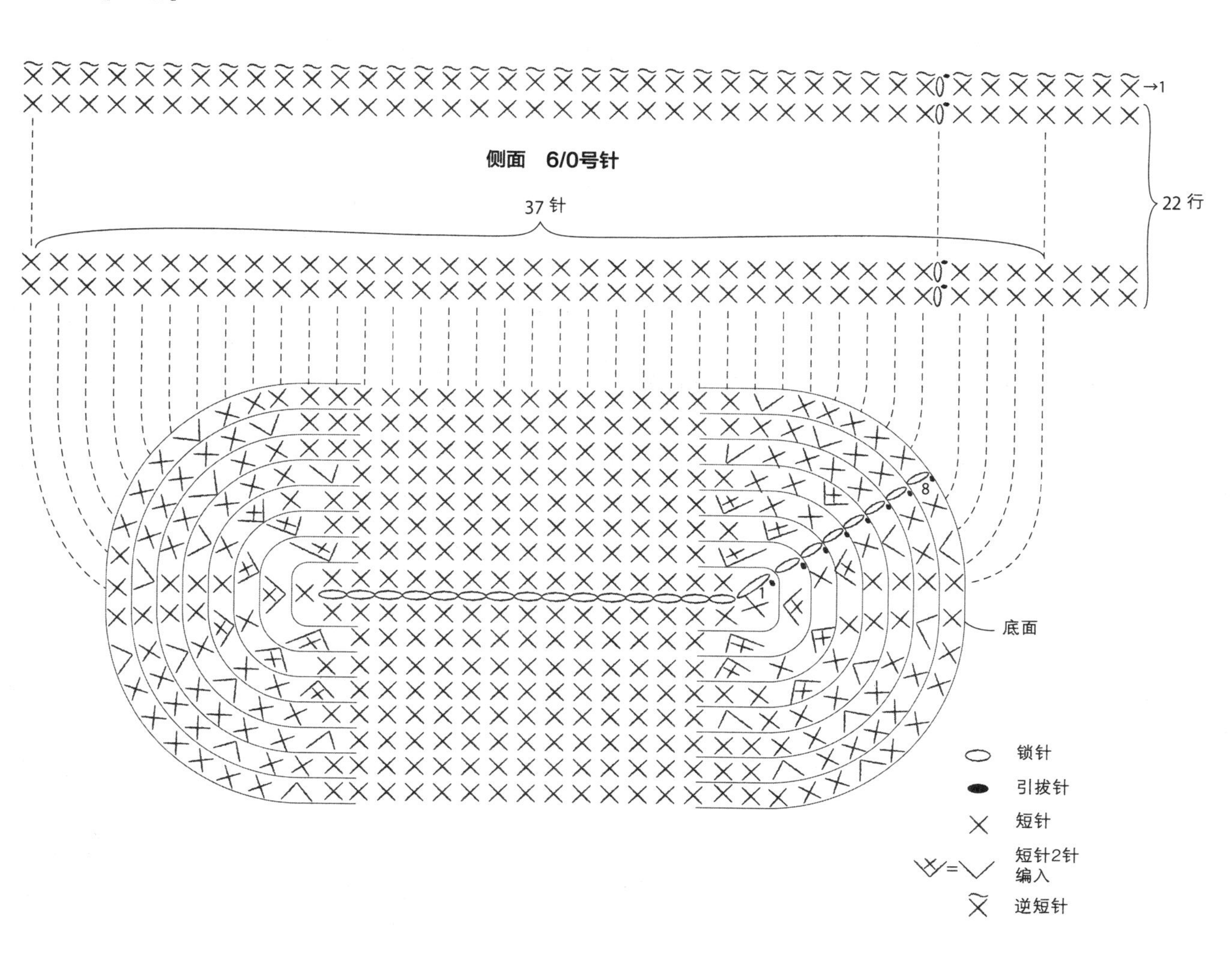

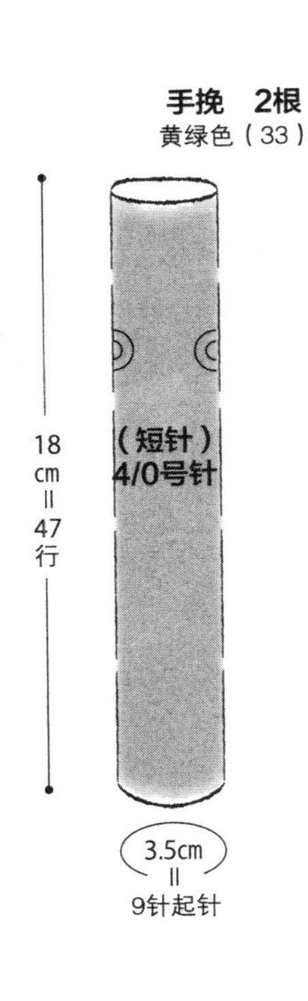

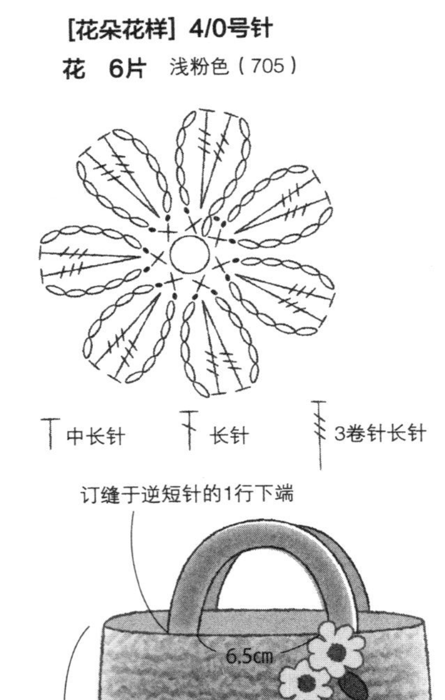

起伏针围巾 | P.30

材料

线／[本体]Rich More 斯帕特 摩登　红色（31）35g

[花样]Rich More 贝仙　黄色（101）、白色（1）、黄绿色（33）、绿色（107）各适量

针／6号、4号2支棒针　5/0号钩针　手缝针

织片密度

起伏针 10cm 见方　19针、38行

编织方法

1　编织19针起针，起伏针编织34行。第34行减针。

2　更换针的号数，编织16行单松紧针。从★内侧挑起11针，再次编织16行单松紧针。

3　换回针的号数，同时编织2片单松紧针的针圈，增加针数至19针，编织144行起伏针。

4　编织末端，用钩针编织引拔针。

5　编织花样，订缝接合于围巾。

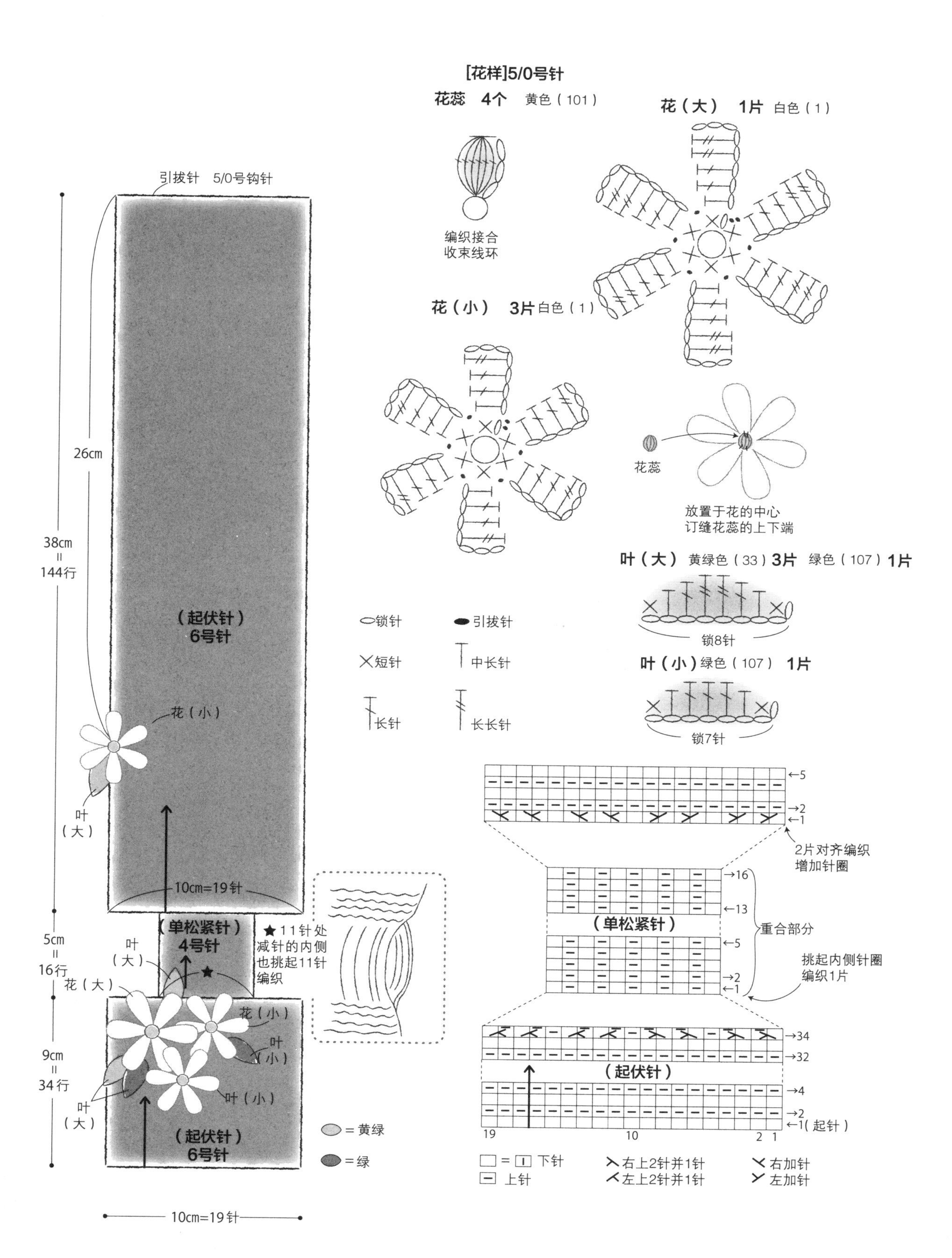
[花样]5/0号针
花蕊 4个 黄色（101）
编织接合
收束线环
花（大） 1片 白色（1）
花（小） 3片 白色（1）
花蕊
放置于花的中心
订缝花蕊的上下端
叶（大） 黄绿色（33）3片 绿色（107）1片
锁8针
叶（小）绿色（107） 1片
锁7针
锁针
引拔针
短针
中长针
长针
长长针
引拔针 5/0号钩针
26cm
38cm = 144行
（起伏针） 6号针
花（小）
叶（大）
10cm=19针
（单松紧针） 4号针
★11针处减针的内侧也挑起11针编织
5cm = 16行
花（大）
叶（小）
9cm = 34行
（起伏针） 6号针
10cm=19针
= 黄绿
= 绿
2片对齐编织增加针圈
重合部分
挑起内侧针圈编织1片
（单松紧针）
（起伏针）
起针
= 下针
上针
右上2针并1针
左上2针并1针
右加针
左加针

樱桃荷包 | P.32

材料

线/**HAMANAKA 帕可露** 白色（2）20g 红色（6）、绿色（24）均适量

针/5/0号、4/0号钩针 手缝针

尺寸

底部直径9cm、深11cm

编织方法

1 荷包用线环起针，底部编织完成后，花纹针编织侧面。

2 编织樱桃、叶及轴，订缝接合于荷包。

3 编织绳带，穿入绳带穿口，对齐两端，订缝于叶。

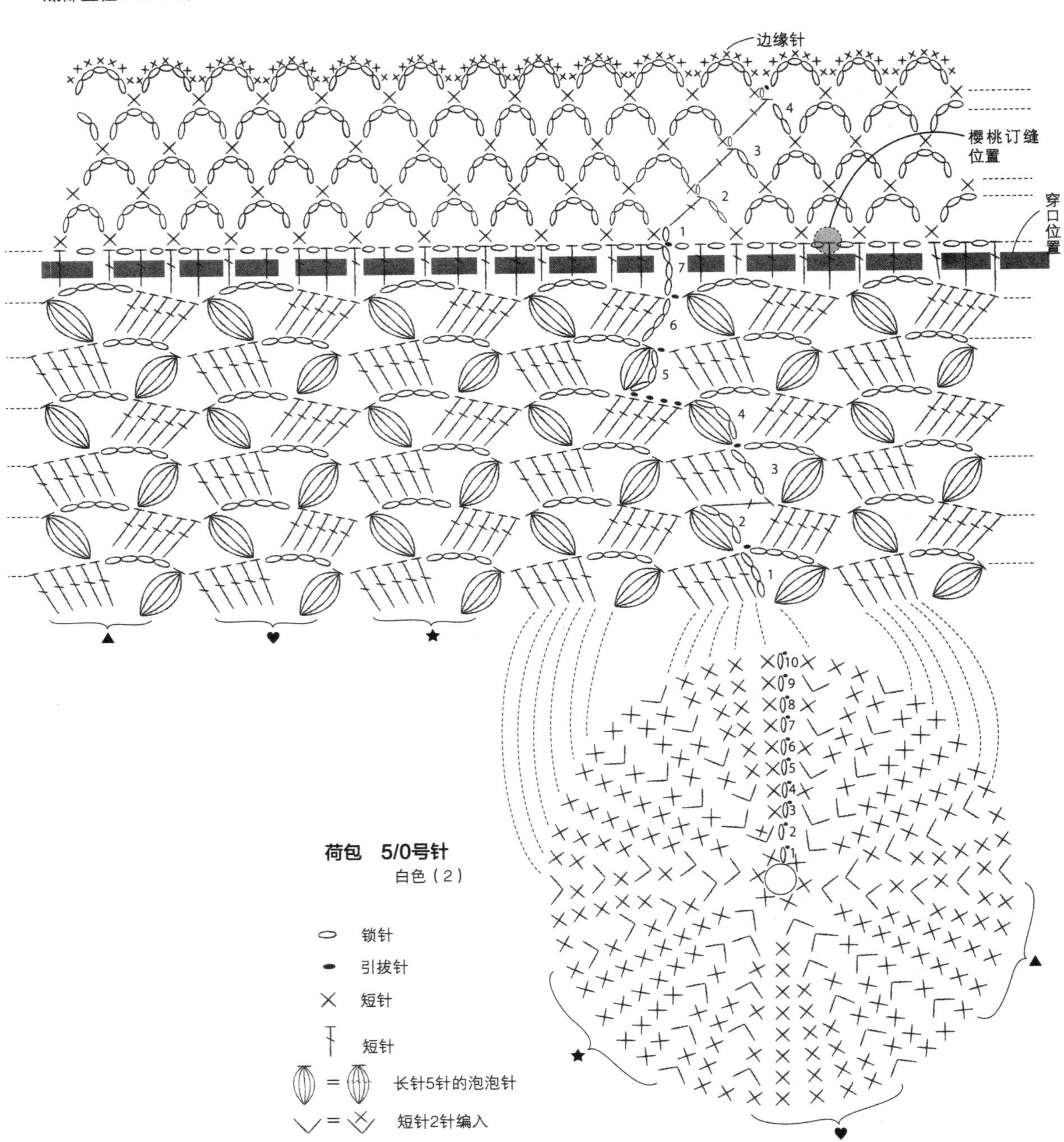

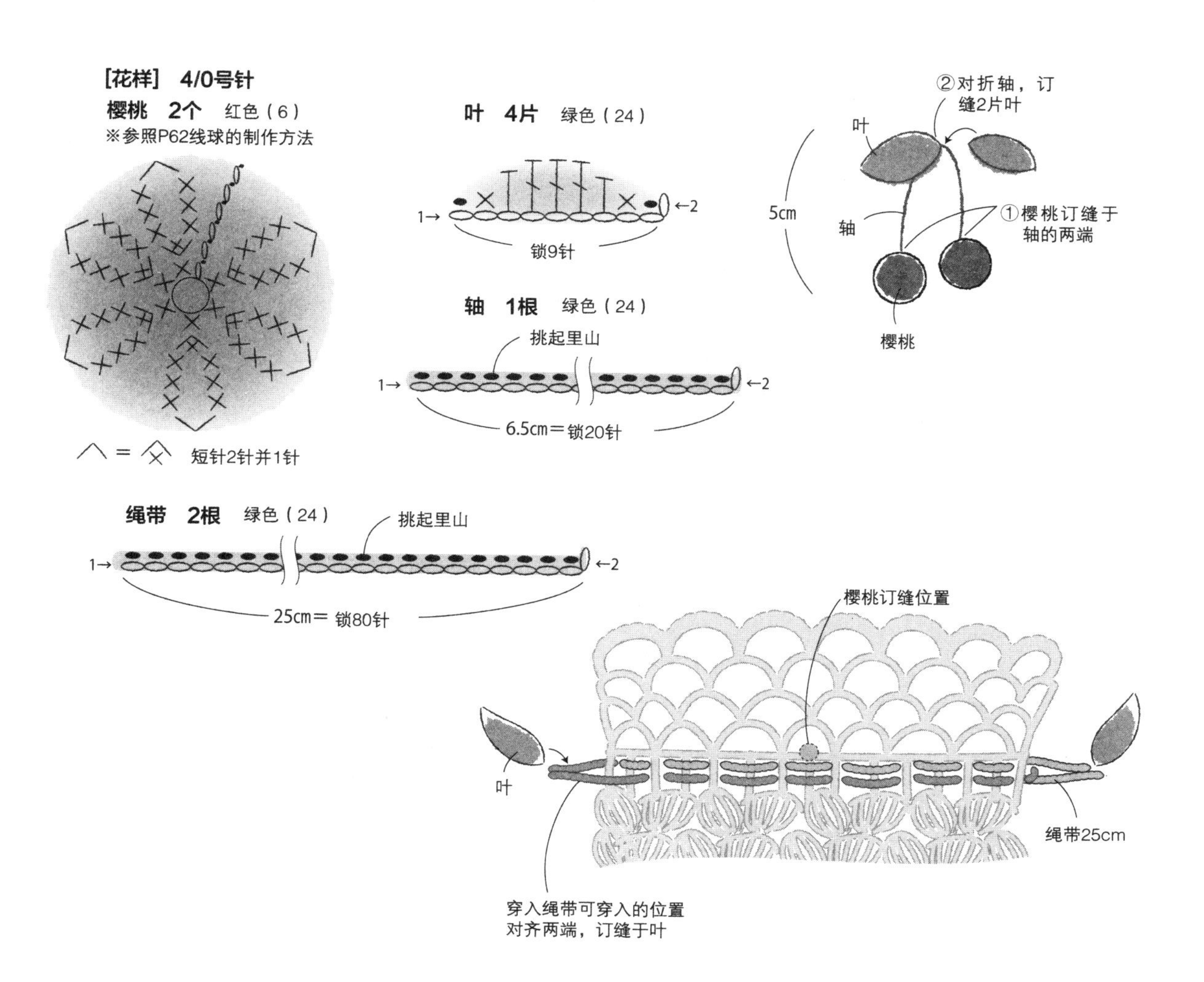

小花和草莓的胸花 | P.34

材料

线／**HAMANAKA 贝仙** 红色（6）、绿色（24）、白色（2）、黄绿色（9）、黄色（8）各适量

针／6/0号、5/0号钩针 手缝针

其他／别针（黑色）长3cm 1个

尺寸

10cm

编织方法

1 草莓花样：编织果实、线填充于内部，穿线收束于最后一行的针圈。从上方订缝接合花萼。

2 小花花样：编织花瓣、花萼，订缝接合于中心。

3 叶、草莓、花订缝接合于别针座，缝接别针。

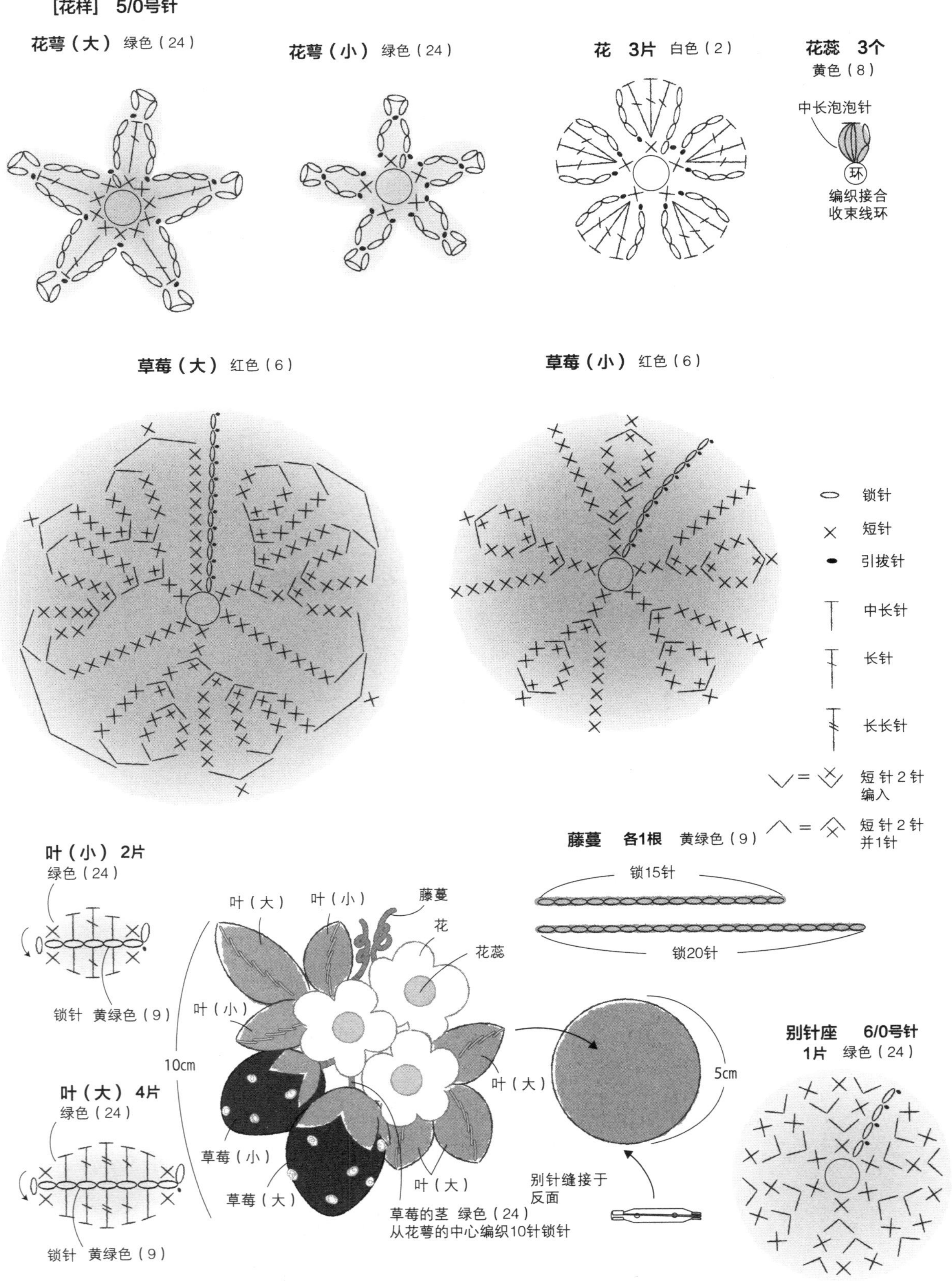
[花样] 5/0号针
花萼（大） 绿色（24）
花萼（小） 绿色（24）
花 3片 白色（2）
花蕊 3个
黄色（8）
中长泡泡针
环
编织接合
收束线环
草莓（大） 红色（6）
草莓（小） 红色（6）
锁针
短针
引拔针
中长针
长针
长长针
短针2针编入
短针2针并1针
叶（小） 2片
绿色（24）
锁针 黄绿色（9）
叶（大） 4片
绿色（24）
锁针 黄绿色（9）
藤蔓 各1根 黄绿色（9）
锁15针
锁20针
叶（大）
叶（小）
藤蔓
花
花蕊
叶（小）
10cm
叶（大）
草莓（小）
草莓（大）
叶（大）
草莓的茎 绿色（24）
从花萼的中心编织10针锁针
5cm
别针缝接于
反面
别针座 6/0号针
1片 绿色（24）

材料

线 / Rich More 贝仙

[小熊] 褐色（100）25g 黄绿色（33）15g 酒红色（63）10g 粉色（72）10g 浅粉色（120）适量

[小猫] 芥末黄（6）30g 深蓝色（106）15g 深粉色（114）10g 浅米色（120）适量

[小兔] 深米色（98）30g 浅米色（120）15g 玫瑰色（75）15g 松石绿（108）10g

其他 / 水手粗布（直径 6 ~ 7mm）**[小熊]** 黑色 1 个、红色 2 个 **[小猫]** 黑色 1 个、黄色 2 个 **[小兔]** 黑色 1 个

毡布（眼、舌）**[小熊]** 白色、红色 **[小猫]** 白色、绿色、红色

[小兔] 白色、蓝色 各适量

黑绣花适量、填充棉 15g（3 体相同）

针 / 5/0 号钩针 手缝针

尺寸

参照图示

编织方法

1 各零件分别从线环开始编织。

2 使用毡布、绣花线、水手粗布，制作头部。

3 手脚缝接于身体，再缝接头部。

4 编织吊绳，缝接小猫。

锁针　引拔针　短针　短针2针编入

小猫的耳朵 2片 芥末黄（6）

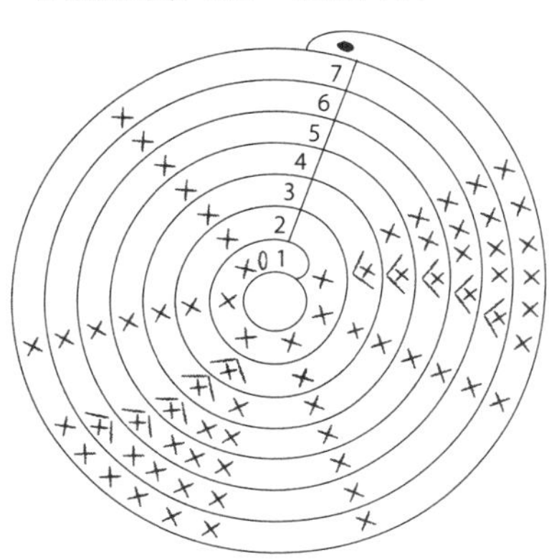

行	针数	
7	16	
6	16	(+2)
5	14	(+2)
4	12	(+2)
3	10	(+2)
2	8	(+2)
1	6	

小猫的耳朵 2片 褐色（100）

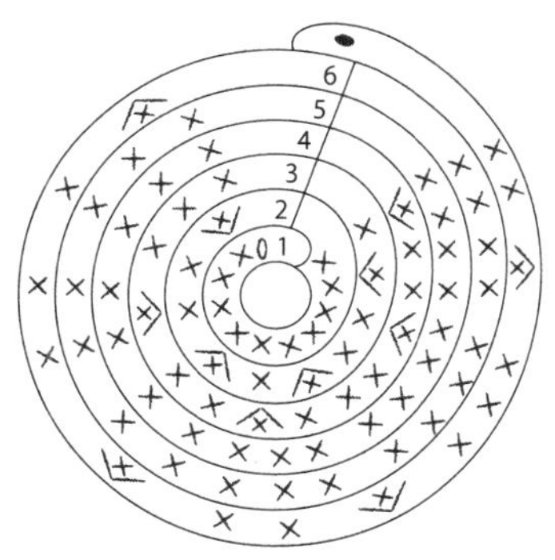

行	针数	
6	14	(−4)
5	18	
4	18	
3	18	(+4)
2	14	(+4)
1	10	

小猫的嘴 2片 浅米色（120）

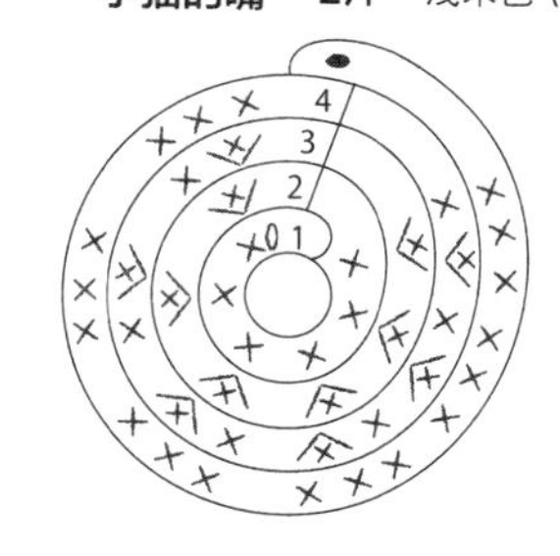

行	针数	
4	18	
3	18	(+6)
2	12	(+6)
1	6	

小兔的耳朵 2片 玫瑰色（75）、浅米色（120）

无加减

无加减

	行	针数	
浅米色	14	12	
	13	12	
玫瑰色	12	12	
浅米色	11	12	
	10	12	
玫瑰色	9	12	
浅米色	8	12	
	7	12	
玫瑰色	6	12	
浅米色	5	12	
	4	12	
玫瑰色	3	12	
浅米色	2	12	(+6)
	1	6	

小猫和小兔的嘴 浅米色（120）

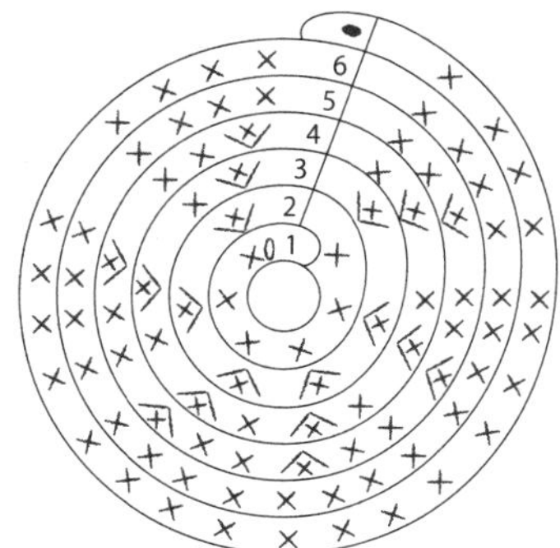

行	针数	
6	24	
5	24	
4	24	(+6)
3	18	(+6)
2	12	(+6)
1	6	

头 **小熊** 褐色（100）、**小猫** 芥末黄（6）、**小兔** 深米色（98）

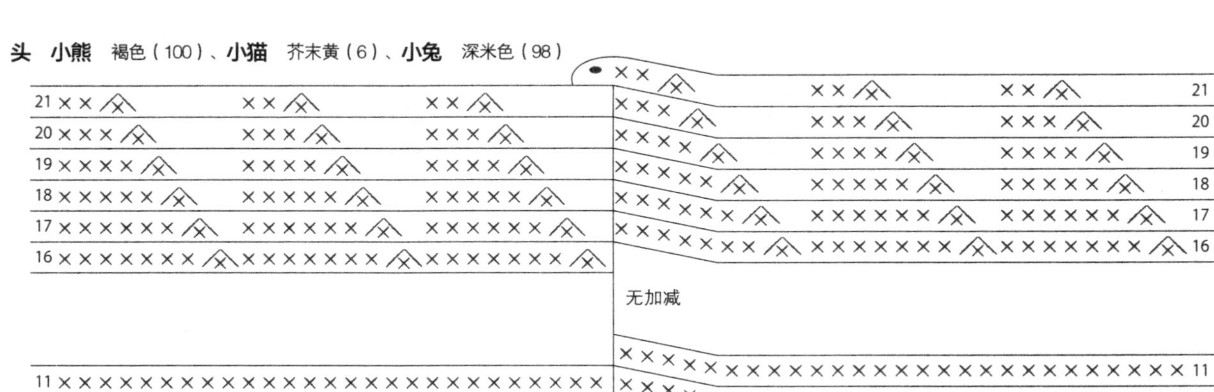

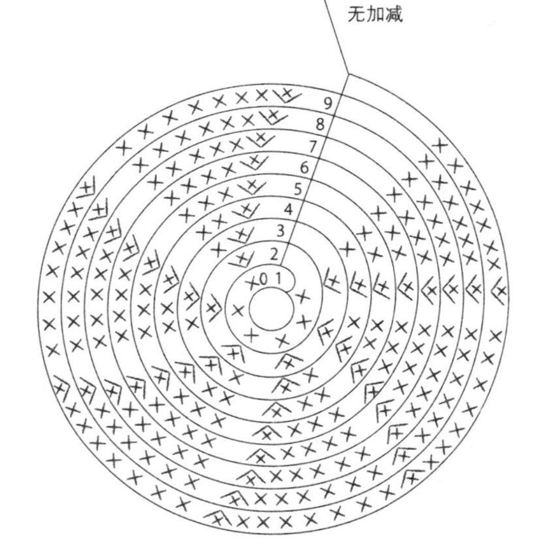

行	针数	
21	18	(−6)
20	24	(−6)
19	30	(−6)
18	36	(−6)
17	42	(−6)
16	48	(−6)
10~15	54	
9	54	(+6)
8	48	(+6)
7	42	(+6)
6	36	(+6)
5	30	(+6)
4	24	(+6)
3	18	(+6)
2	12	(+6)
1	6	

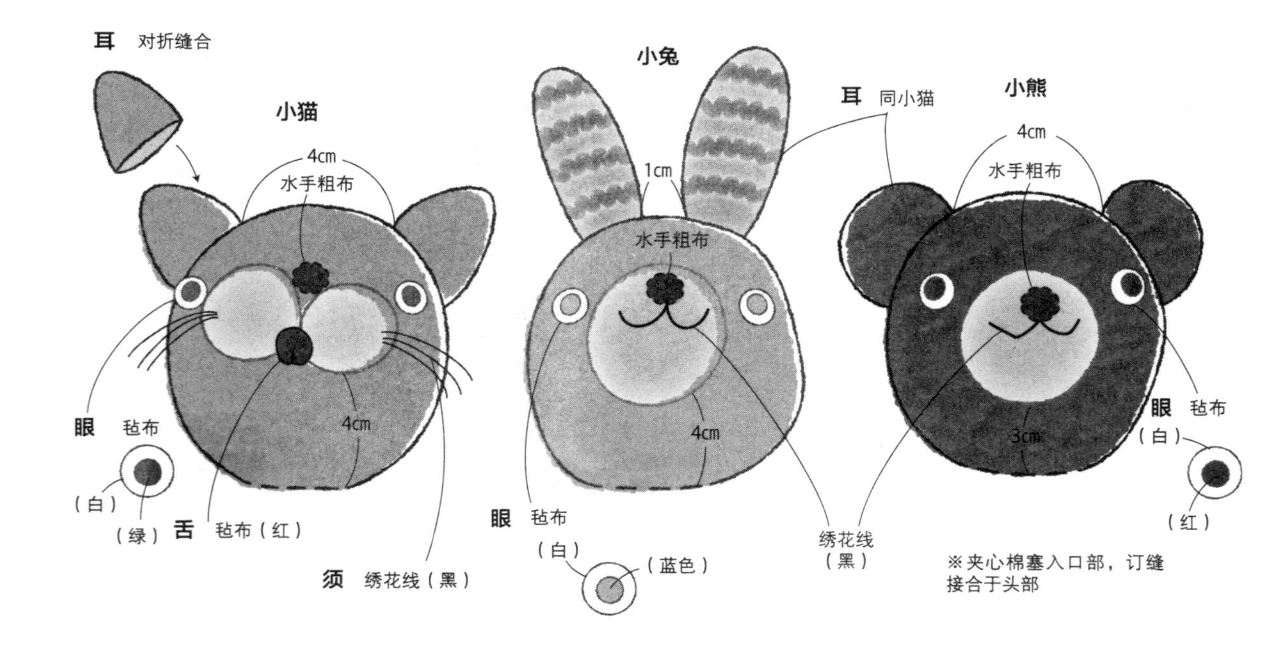

身体（小熊、小猫、小兔）

无加减

无加减

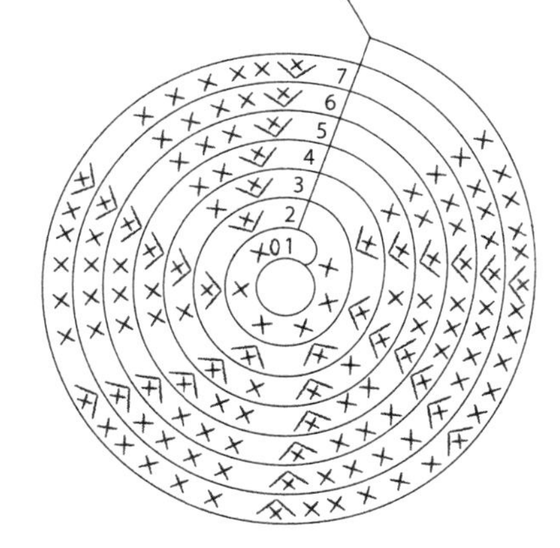

行	针数		小熊	小猫	小兔
29	18		黄绿色(33)	芥末黄(6)	玫瑰色
28	18	(−3)			浅米色
27	21				
26	21	(−3)			玫瑰色
25	24				浅米色
24	24	(−3)			
23	27				玫瑰色
22	27	(−3)			浅米色
21	30				
20	30	(−3)			玫瑰色
19	33				浅米色
18	33	(−3)			
17	36				玫瑰色
16	36	(−3)		深蓝色（106）	浅米色
15	39				
14	39	(−3)			玫瑰色
13	42				浅米色（120）
12	42				
11	42		酒红色（63）		玫瑰色（75）
10	42				
9	42				
8	42				
7	42	(+6)			
6	36	(+6)			
5	30	(+6)			
4	24	(+6)			
3	18	(+6)			
2	12	(+6)			
1	6				

手　2只　（小熊、小猫、小兔）

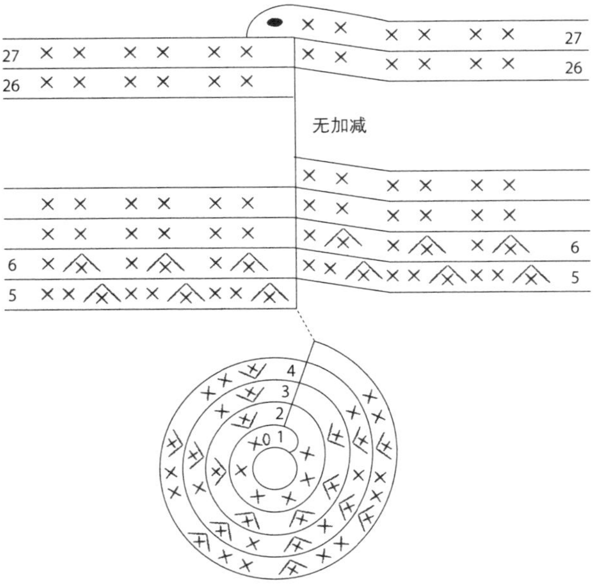

无加减

行	针数		小熊	小猫	小兔
27	12		黄绿色（33）	芥末黄（6）	深米色（98）
26	12				
25	12				
24	12				
23	12				
22	12				
21	12		褐色（100）		
20	12				
19	12				
18	12				
17	12				
16	12				
15	12				
14	12				
13	12				
12	12				
11	12				
10	12				
9	12				
8	12				
7	12				
6	12	(−6)	粉色（72）	深米色（114）	松石绿（108）
5	18	(−6)			
4	24	(+6)			
3	18	(+6)			
2	12	(+6)			
1	6				

脚　2只　（小熊、小猫、小兔）

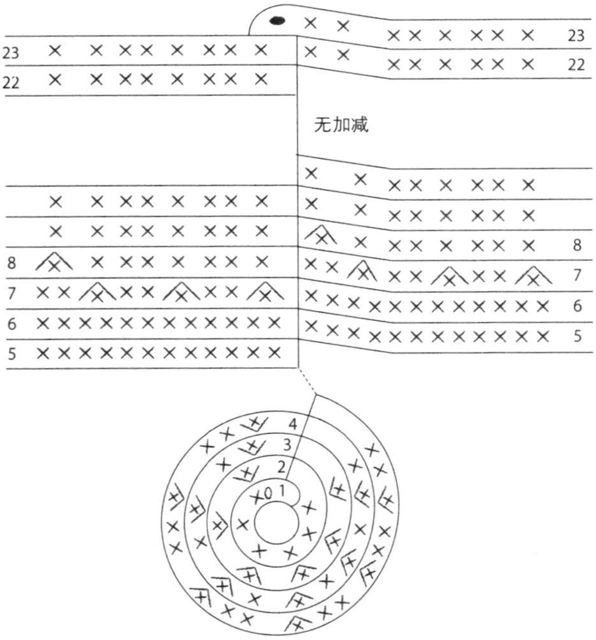

无加减

行	针数		小熊	小猫	小兔
23	16		酒红色（63）	深蓝色（106）	深米色（98）
22	16				
21	16				
20	16				
19	16				
18	16				
17	16		褐色（100）	芥末黄（6）	
16	16				
15	16				
14	16				
13	16				
12	16				
11	16				
10	16				
9	16				
8	16	(−2)	粉色（72）	深粉色（114）	松石绿（108）
7	18	(−6)			
6	24				
5	24				
4	24	(+6)			
3	18	(+6)			
2	12	(+6)			
1	6				

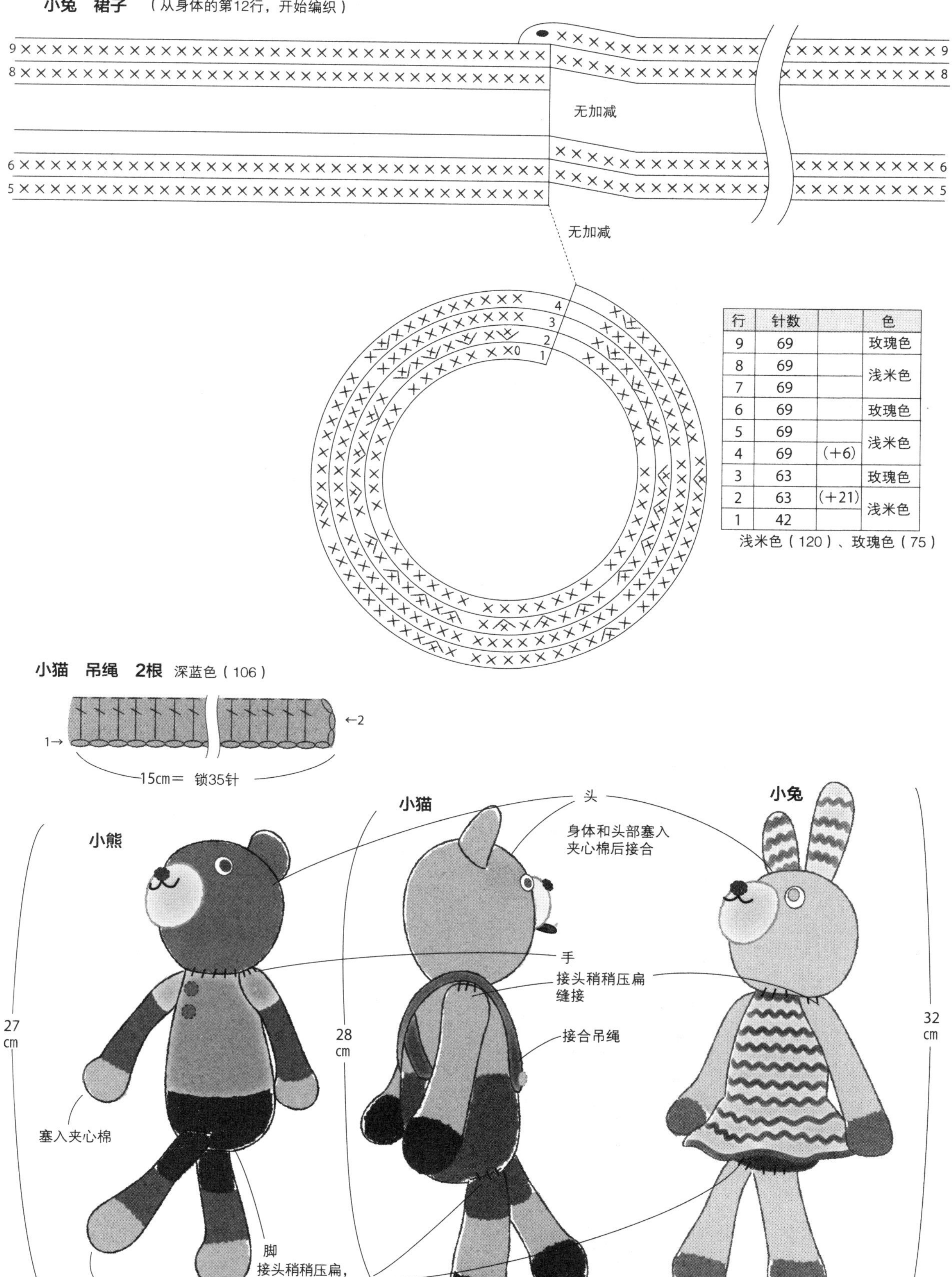

行	针数		色
9	69		玫瑰色
8	69		浅米色
7	69		
6	69		玫瑰色
5	69		浅米色
4	69	（+6）	
3	63		玫瑰色
2	63	（+21）	浅米色
1	42		

小靠垫 | P.38

材料

线 /

[蘑菇]HAMANAKA 帕可露

本体：蓝色（23）50g 黄绿色（9）50g

花样：红色（6）、白色（2）、黄绿（9）各适量

[拼接]

本体:Rich More 斯帕特 摩登 白色(1)50g、红色(31)80g

花样：Rich More 斯帕特 摩登 红色（31）适量

Rich More 贝仙 黄绿色（33）、绿色（107）各适量

HAMANAKA 帕可露 海蓝色（13）、白色（2）、红色（6）、深粉色（22）、蓝色（23）、黄色（8）、绿色（24）各适量

针 / **[蘑菇]**10 号 2 支针 5/0 号钩针 手缝针

[拼接]5/0 号、6/0 号钩针 手缝针

其他 /30cm 边长靠垫芯

织片密度

[蘑菇] 平针 10cm 见方 17 针、24 行

[拼接] 长针 10cm 见方 20 针、10 行

编织方法

[蘑菇]

1 用蓝色帕可露编织靠垫的前面，用黄绿色帕可露编织后面。

2 用钩针编织花样，订缝接合于前面。

3 对齐前面和后面，编织边缘针，包入靠垫芯并缝合。

[拼接]

1 编织前面的 9 片方形花样和靠垫后面。

2 用钩针编织花样，分别订缝接合于方形花样。

3 前面的 9 片方形花样的四周编织边缘针，用卷针接合。

4 反面对合后面和前面，开口留 20cm 左右，卷针缭缝四周。塞入靠垫芯，缭缝开口。

[蘑菇]

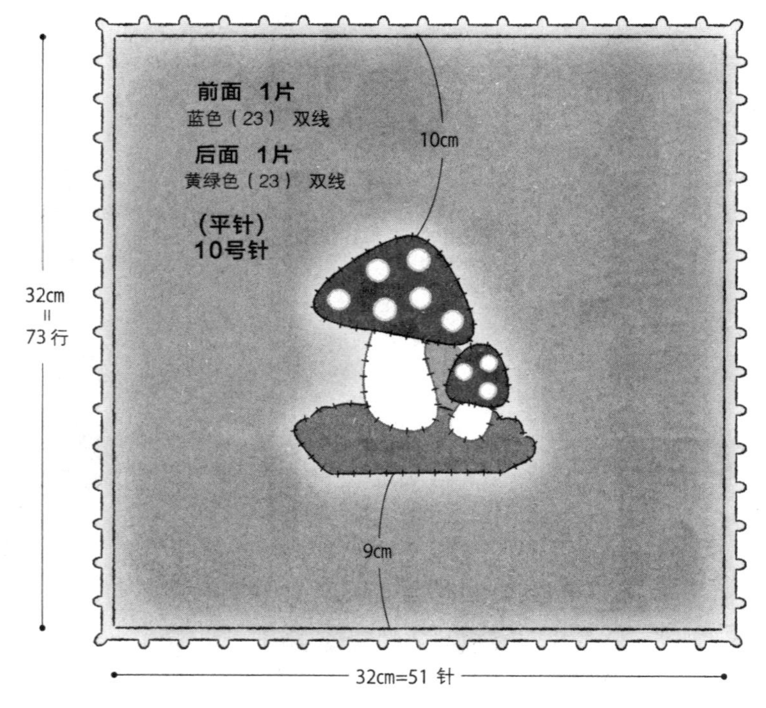

边缘针

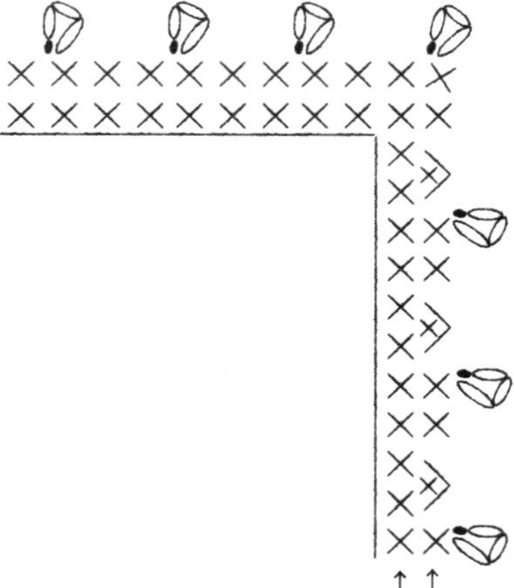

[花样]5/0号针　均为帕可露

蘑菇（大）伞　1片　红色（6）

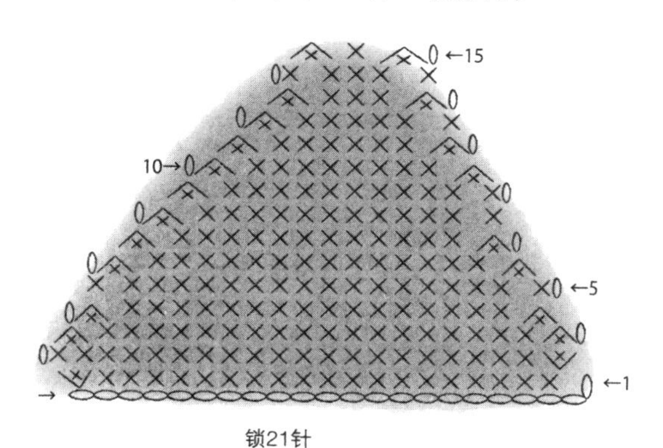

蘑菇（大）的圆珠 6个　白色（2）

蘑菇（小）伞　1片　红色（6）

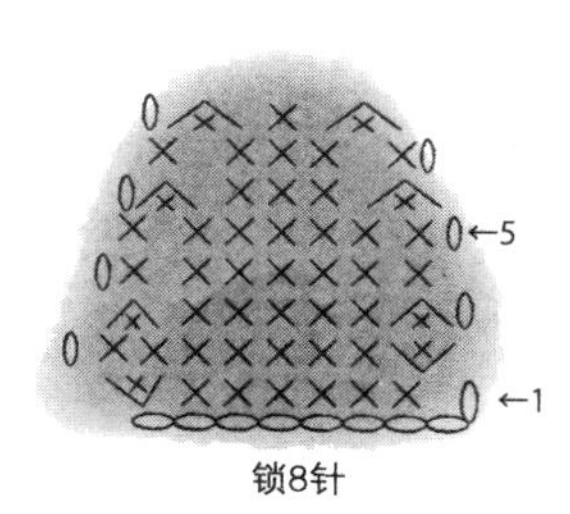

蘑菇（大）柄　1片　白色（2）

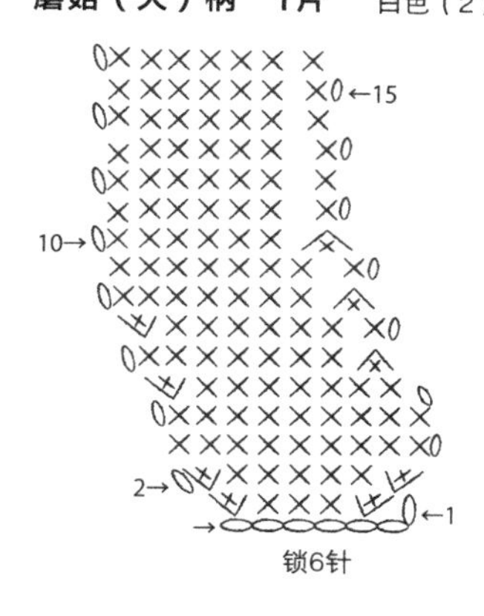

蘑菇（小）柄　1片　白色（2）

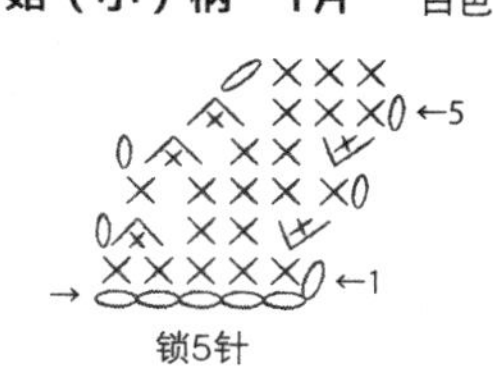

锁针

短针

引拔针

中长针

短针2针编入

短针2针并1针

蘑菇的根部　1片　黄绿色（9）

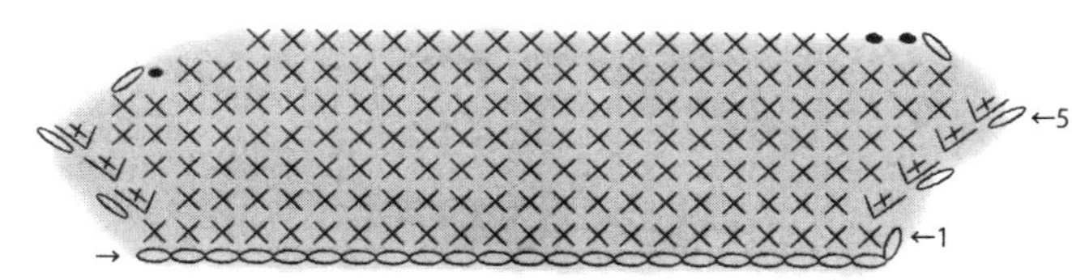

[拼接]

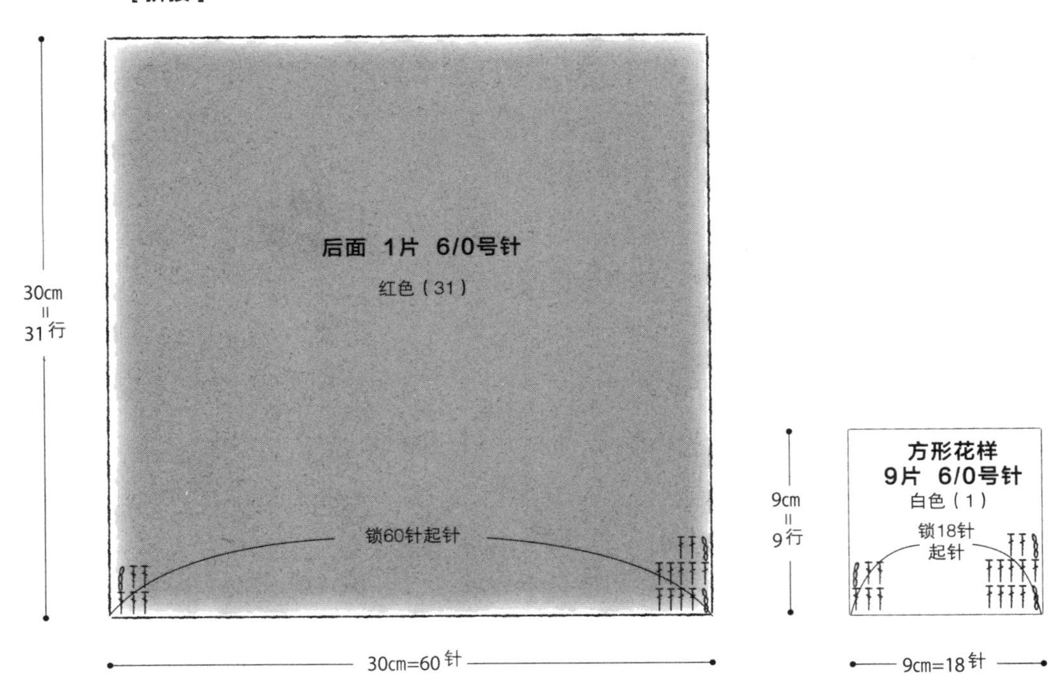

后面 1片 6/0号针
红色（31）
锁60针起针
30cm=31行
30cm=60针
方形花样
9片 6/0号针
白色（1）
锁18针起针
9cm=9行
9cm=18针

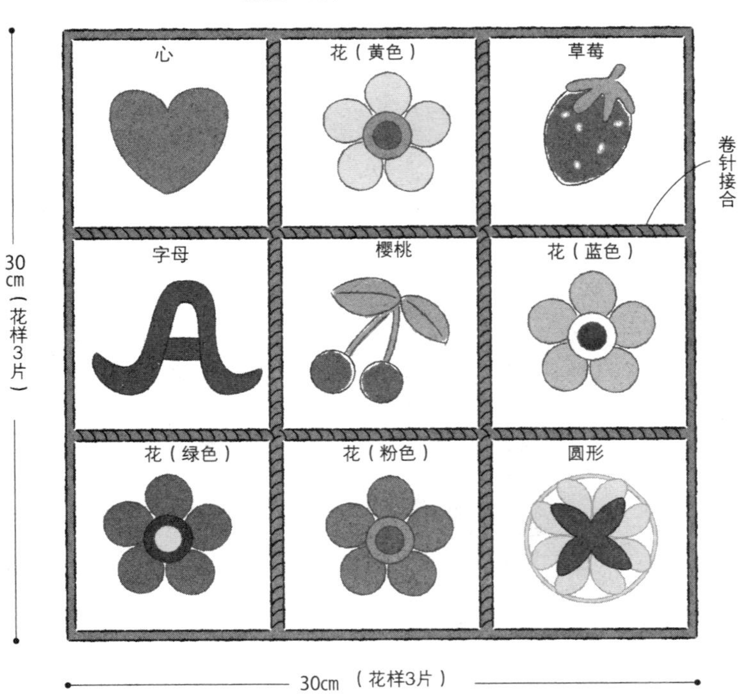

前面 1片 （缝接9片花样）
心
花（黄色）
草莓
字母
樱桃
花（蓝色）
花（绿色）
花（粉色）
圆形
卷针接合
30cm（花样3片）
30cm（花样3片）

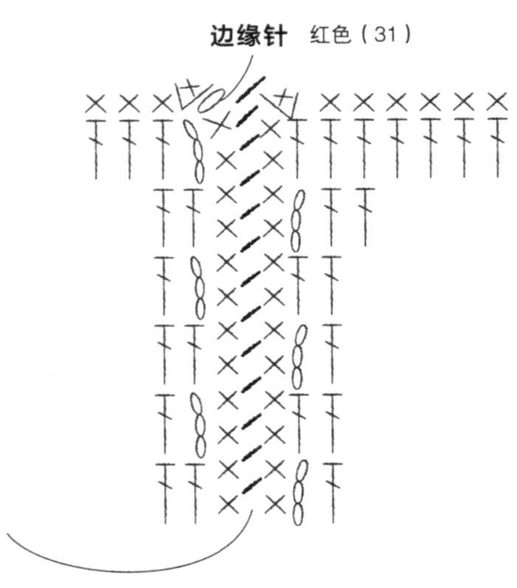

边缘针 红色（31）

[花样] 5/0号针

心 1片 B 深粉色(22)

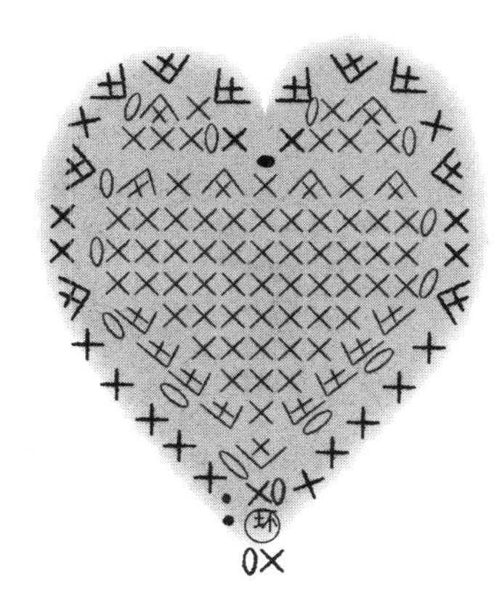

樱桃的叶 2片
B 黄绿色(33)

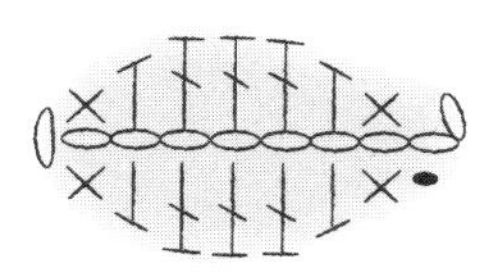

樱桃的枝 1根
B 黄绿色(33)

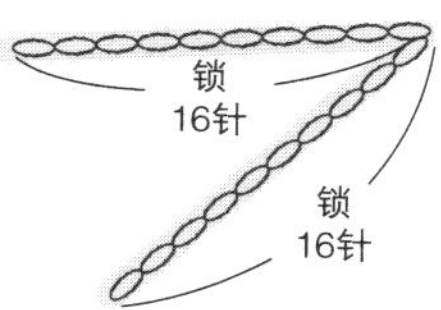
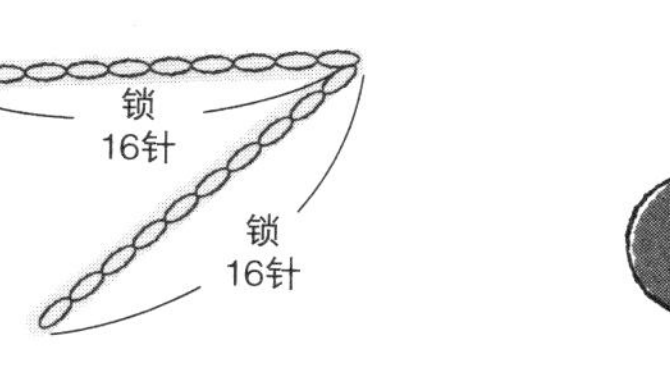

樱桃 2个
S 红色(31)

环

6cm

字母 1片
P 海蓝色(13)

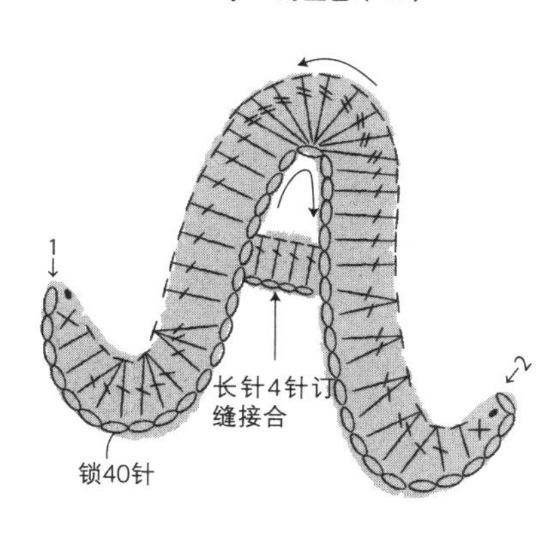

草莓的蒂 1个 **B** 绿色(107)

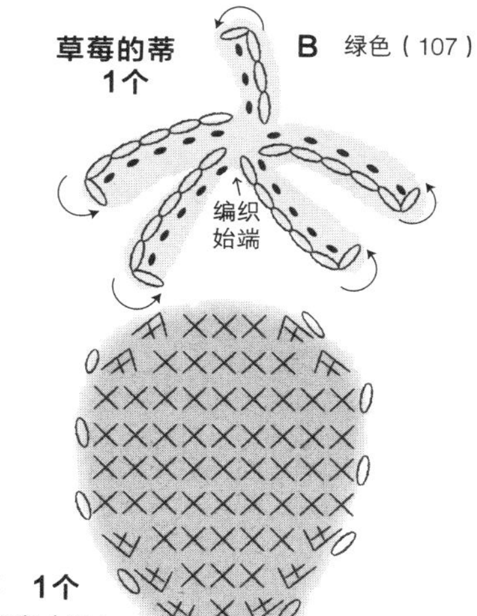

草莓 1个
S 红色(31)

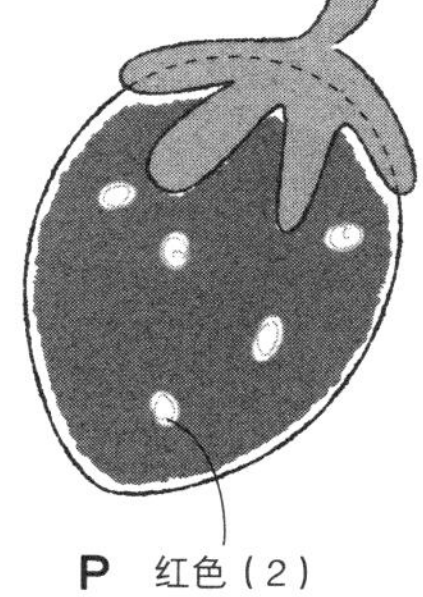

P 红色(2)
卷针结粒(参照P.61)

花 4个

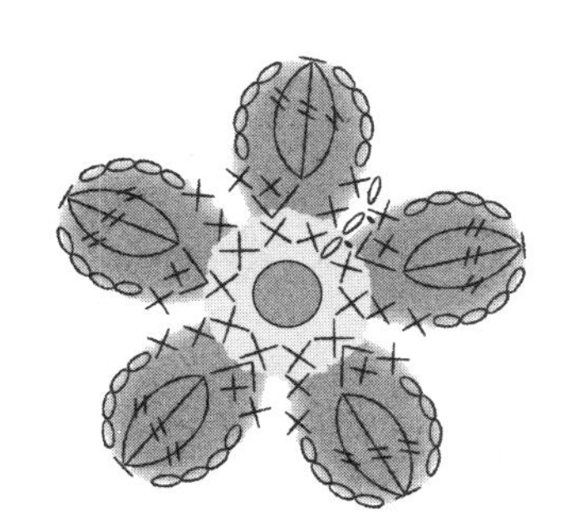

圆形 1片

第2行**P** 黄色(8)
第1行**P** 海蓝色(13)

花朵花样的配色 均为(帕可露)

	蓝色	粉色	绿色	黄色
3行	蓝色(23)	深粉色(22)	绿色(24)	黄色(8)
2行	白色(2)	蓝色(23)	红色(6)	蓝色(23)
1行	红色(6)	绿色(24)	黄色(8)	深粉色(22)

S = 斯帕特 摩登
P = 帕可露
B = 贝仙

锁针　引拔针
短针　长长针
长针　长长针
短针2针编入
短针2针并1针

编织方法指导
（本书所使用的编织方法）

棒针编织的基础

起针

棒针的起针
线头侧留所需尺寸的约3倍，使用1支或2支棒针编织。
因伸缩，也向平针及松紧针的方向编织。

别线的起针
用别线编织锁针，挑起锁针的里山，编织第1行。
从后端松开锁针，挑针朝向松紧针的相反方向编织。

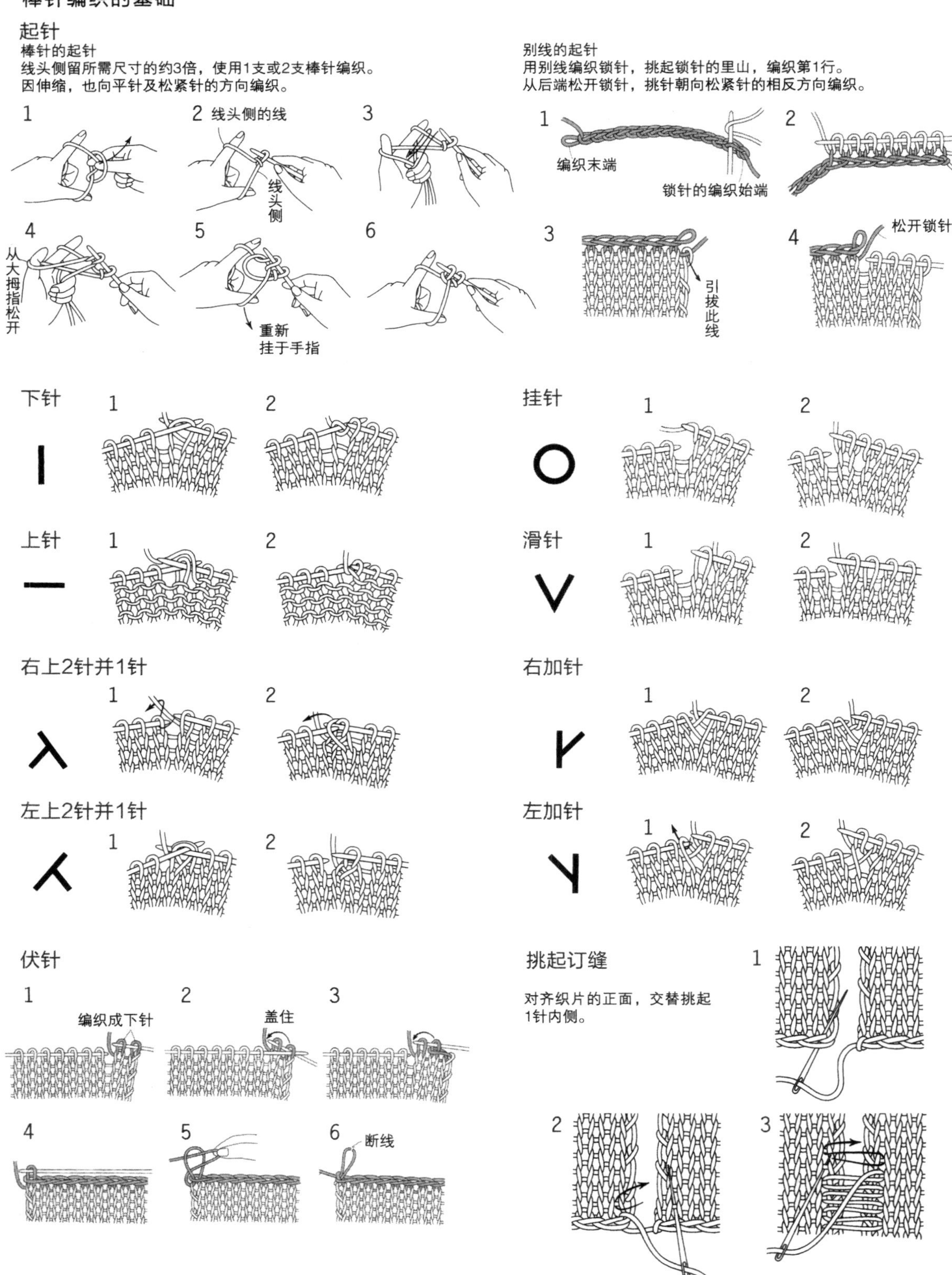

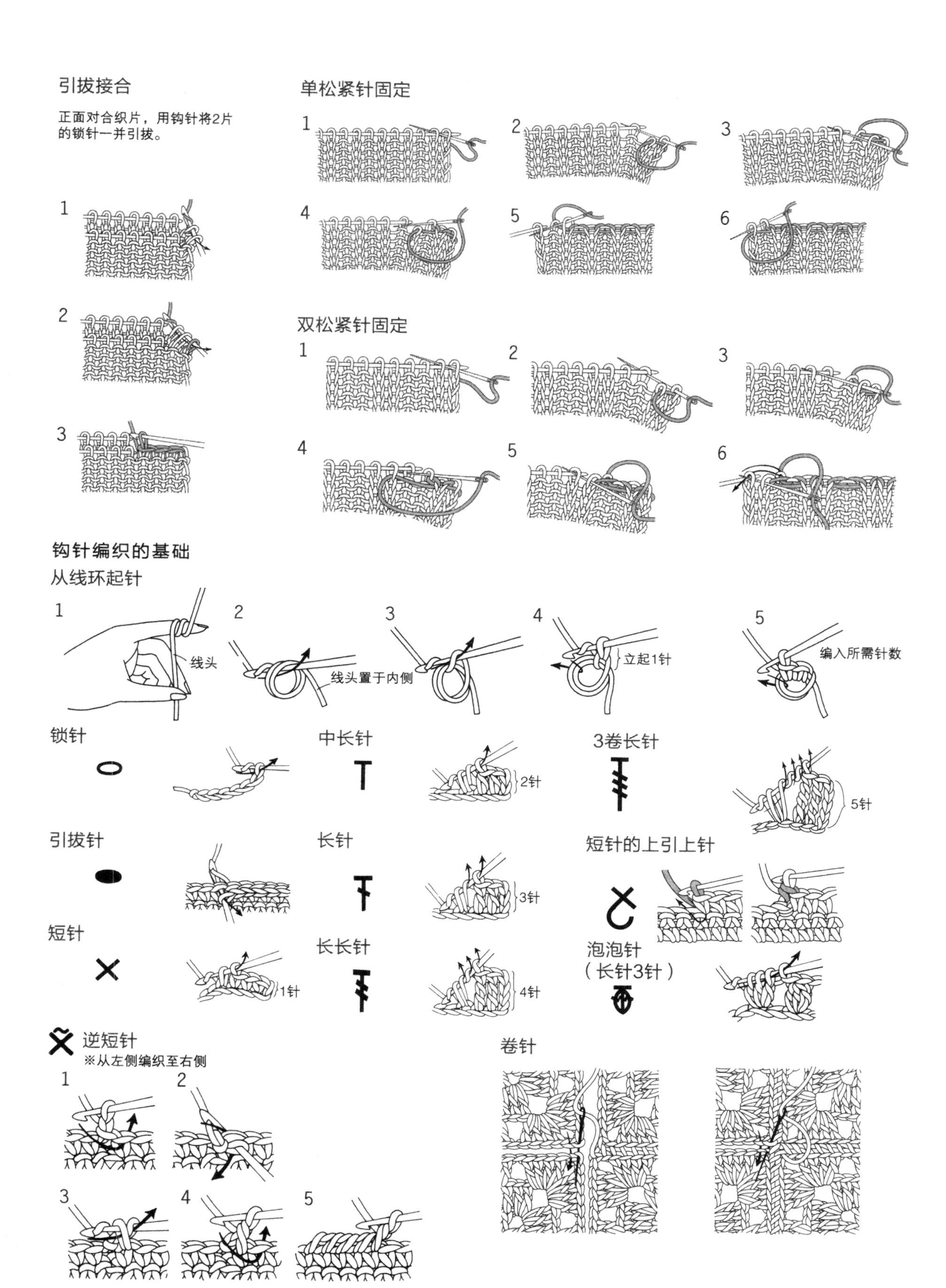
引拔接合
正面对合织片，用钩针将2片的锁针一并引拔。
1
2
3
单松紧针固定
1
2
3
4
5
6
双松紧针固定
1
2
3
4
5
6
钩针编织的基础
从线环起针
1
线头
2
线头置于内侧
3
4
立起1针
5
编入所需针数
锁针
中长针
2针
3卷长针
5针
引拔针
长针
3针
短针的上引上针
短针
1针
长长针
4针
泡泡针
（长针3针）
逆短针
※从左侧编织至右侧
1
2
3
4
5
卷针

想亲手编织实用又可爱的毛衣或者玩具给宝宝，请跟随本书作者来一次多彩的手工编织之旅吧！

本书作者擅长用五颜六色的毛线进行搭配，编织出悦目的编织作品，本书就是以适合婴幼儿使用的衣服和家居用品为主题进行设计的，书中作品既有棒针编织也有钩针编织，既有适合男宝宝的也有适合女宝宝的，每款都有详细的编织教程及图解，即便是初学手工编织的年轻妈妈也可以轻松完成！

图书在版编目（CIP）数据

给可爱宝贝的风格手编小物/[日]了戒加寿子著；韩慧英，陈新平译. —北京：化学工业出版社，2015.9
ISBN 978-7-122-21287-0

Ⅰ.①给… Ⅱ.①了… ②韩… ③陈… Ⅲ.①钩针-编织-图集 Ⅳ.①TS935.521-64

中国版本图书馆CIP数据核字（2014）第153662号

おしゃれキッズのニット小物

北京市版权局著作权合同登记号：01-2015-0369

责任编辑：高　雅　　　　责任校对：战河红

出版发行：化学工业出版社（北京市东城区青年湖南街13号　邮政编码100011）
印　　装：北京画中画印刷有限公司
787mm × 1092mm　1/16　印张 6　字数 280 千字　2015年10月北京第1版第1次印刷

购书咨询：010-64518888（传真：010-64519686）　售后服务：010-64518899
网　　址：http://www.cip.com.cn
凡购买本书，如有缺损质量问题，本社销售中心负责调换。

定　　价：39.80元